幸福 競爭力

21世紀不可或缺的能力

「佳興成長營」創辦人

黃佳興 著

Contents

01/ 開場

02/ 銷售的能力

Contents

05/ 建立系統的能力

06/ 公眾演說的能力

07/ 結語

佳興 幸福競爭力

01

開場

「我是佳興。我們一起創造幸福、成功、快樂的人生！」

如果你看過 YouTube 影片、聽過我的有聲書、看過我的粉絲團、官方網站，或者參加過「佳興成長營」課程，對這句話應該很熟悉。很多朋友問我，為什麼在名利的成功之外，還要追求幸福和快樂？

三十歲以前，我滿腦子只有成功、成功、成功；三十歲以後，我發現比成功更重要的兩個字：幸福。

走過負債 600 萬元到中國信託商業銀行全國業務冠軍，再到 2011 年 5 月創建了「佳興成長營」，我深深體會到，人生不只要名利雙收，還要幸福快樂，這樣的成功才是全方位的成功。

短暫的幸福靠感受，長期的幸福靠競爭力。

這就是《幸福競爭力》的由來。

25 歲前創業失敗 3 次，負債 600 萬元

我從小就非常渴望成功。

21 歲的時候第一次創業，開了一家生鮮超市，擁有 200 坪空間，聘請 22 位員工，往來供應商大概 160 多家，算是小有規模。做了兩年，發現這樣早也忙晚也忙，非常疲累卻賺不到什麼錢，覺得不適合這份事業，決定交給合夥人經營。

23 歲，第二次創業，做金飾名品店，自己設計盒子、袋子、櫃子，開發了獨特的商業模式，生意很好。我以為這次不一樣了，但碰上廠商提供的產品品質不穩定，經營一年後，又停掉。

我並沒有被這兩次的挫折打敗，25 歲再接再厲，開展第三次創業，開手搖飲料店——「渴望梅汁」。每天瘋狂試喝 200 多杯、連續 30 幾天，喝到喉嚨發炎，終於找到理想中的口味。開了第一家以後，生意好到爆炸，天天大排長龍、發號碼牌，還有好多朋友來問怎麼加盟。

我想皇天不負苦心人，這「攤」要絕地大反攻了！一家生意就這麼好，多開幾家不是就削爆了？於是我乘勝追擊，一口氣展店到 8 家。沒想到等 8 家店都弄好，季節進入秋天，天氣開始轉涼，消費者對冷飲的需求降低，生意只剩下一半。每天一開門，光是人事管銷就把我壓得喘不過氣，硬撐到冬天，業績只有夏天的十分之一，最後只好收掉。

　　這次的失敗非同小可，那種挫敗感把我推到無底深淵，我把自己關在房間裡整整三個月，走不出家門，不知道人生要往哪裡去，更不知道怎麼償還高達 600 萬元的負債。

　　後來，想到還有家人、朋友支持，決定從業務工作再出發。

✊ 投資自己，是報酬率最高的選擇

　　當時，我上了很多課程，像是世界第一名潛能大師安東尼・羅賓（Anthony Robbins）、人際關係大師哈維・麥凱

（Harvey McKay）、催眠大師馬修 · 史維（Marshall Sylver）、銷售大師湯姆 · 霍金斯等（Tom Hopkins），只要知道開課訊息，不管多貴都立刻去報名。和開發「渴望梅汁」的過程一樣，只要我想要，就一定全心全力瘋狂投入，前前後後上課、買教材、複訓，25 歲以前投入金額超過新臺幣 100 萬元！

很貴嗎？

我到現在還認為，這是這輩子最划算的投資。因為課程中所學到的，後來在從事各項業務工作時都能上用場，在每一家公司都締造了全國第一名成績。

重新踏入業務工作初期，我先進入一家銷售成功學課程的公司，兩個月內業績就衝上第一名。一年多後，回到家鄉高雄，加入了中信銀的信用卡部門，那個部門有 400 多個業務員，我用一年左右的時間，就做到這個 400 人大團隊的第一名！然而，我並沒有因此而自滿，歷經中信銀 4 年 8 個月扎實的訓練，我向更大的目標挑戰，轉換跑道進入保險業。

我給自己的目標是：2 年成為區經理，4 年做到處經理。結果，我 21 個月成為區經理，3 年 8 個月成立自己的通訊處。

　　我很榮幸，兌現了對自己的承諾。我認為，人生只要設下目標，並想辦法用行動達成，沒有做不到的事。回頭看那個關在家裡三個月、不知道人生要往哪裡去的自己，已然超越了千百萬倍。如今，我一年演講 300 場以上，幾年下來，演講超過 2000 場，去年開始獲邀到新加坡、馬來西亞、中國各城市演講，就是想透過分享，讓更多生命看見希望。

　　每年我會設定十大夢想，過去五年，50 大夢想全部都實現，事業、財富、家庭、旅遊、物質、回饋社會，朝向全方位成功人生邁進。

✊ 掌握基本功，結果就會自動出現

　　關於成功，我先講個籃球之神麥可 · 喬丹的小故事：

　　有記者問：「喬丹先生，為什麼你這麼厲害，可以創造這麼多歷史紀錄？」

喬丹回答：「我對自己的要求程度，遠遠超過任何人的想像。當有人說我只會進攻不會防守，我立刻要成為防守第一隊；當有人說我只會灌籃，我立刻苦練後仰式跳投；當有人說我只會獨幹，不會帶領團隊，我立刻要帶領團隊成為 NBA 總冠軍。」

在籃球專業該具備的基本項目，他要完全獲勝。因為掌握了基本功，結果就會自動出現。

擁有「幸福競爭力」，需要具備這五項最重要的能力：

1. 銷售的能力
2. 領導的能力
3. 達成目標的能力
4. 建立系統的能力
5. 公眾演說的能力

接下來，我們一步步建立這五大能力。首先，是銷售的能力。

不只銷售商品，還包括銷售你自己。

佳興 幸福競爭力

02
銷售的能力

業務員，是公司的命脈

你對「業務」的印象是什麼？講話油腔滑調？還是認真打拚追求目標達成？

世界級管理大師彼得·杜拉克（Peter Drucker）說過：「只有創新跟銷售是利潤，其他都是成本。」

在大師眼裡，銷售工作的地位是崇高的。實際上，這個世界上任何一份工作都是「人」做出來的，只要稍微觀察不難發現，認真、敬業、拚命衝業績的業務，在職場上還是占大多數。

一家公司裡面，有會計部門、行政部門、理貨部門、物流部門、企畫部門、業務部門……等等，每個部門就像手掌上的每根指頭分工合作一樣重要，但是業務部門肩負把訂單收進來、把產品賣出去的責任，也就是最實際的財務與貨物往來，如果沒有業務部門，其他部門存在的意義就大大減低了。

既然業務部門這麼重要，那麼在該部門之中，誰又是最重要的呢？

沒錯！那就是業務人員。

所以我們很容易看到，在一家公司裡面，通常收入最高的，不是協理、不是副總、不是總經理，而是 Top Sales ——最頂尖的銷售人員。

為什麼？

因為業務員可以為公司帶來訂單，產生最大的價值，所以業務人員值得領取最高的回饋跟報酬。也就是說，這個世界是因業務員而繁榮，是業務員讓這個世界的經濟命脈得以活絡。

因此在談銷售之前，我認為「認同業務價值」的觀念是最先要溝通的。一個了解自己作為一家公司最重要部門裡最重要角色的人，才有可能把成績做到極致。

俗話說：「人必自重而後人重之。」意思就是一個先尊重自己的人，才會得到別人的尊重。

那麼，我們再進到第二個層次的問題：你從事業務工作的初衷是什麼呢？

是不是想要實現夢想？
是不是想要讓父母親提早退休？
是不是想要讓自己過最好的生活？
是不是可以讓你的下一代受到最好的教育？
是不是想要環遊世界？

無論你的初衷是哪一個，從事業務工作的你，都是有勇氣的人。

為什麼？

因為你採取了「行動」，來實現前面說到的夢想，所以我

非常佩服你。做業務是非常了不起的，這是可以追求夢想的一個過程。

我常開玩笑說，業務是既勞心又勞力的工作，集合了坐辦公室與做工最累的地方。勞心，是因為要想辦法打進顧客的心裡，想辦法讓他買單，還要時常面對被拒絕的挫折；勞力，是因為勤跑根本是家常便飯，顧客買單前要勤跑，買單後照樣要做好服務，想辦法讓他再次購買。趕業績的時候，不分白天晚上，半夜、凌晨、假日都要衝！衝！衝！

一個每天都在用「行動」實現夢想的人，偉不偉大？

現在，請對著鏡子裡的你說：「謝謝你！你是最棒的！是你帶動這世界的運轉！」

想賺多少，就要做到多少準備

我問過許多做業務的人：「你一個月想賺多少錢？」

得到大部分的答案是：「越多越好。」

只有少數人回答我確切的數字，例如：「比前一份工作多120%」，或是「每個月 30 萬元」。

有明確的數字，就有明確的目標。這個目標不只是數量化的，更在於你要「準備好」什麼。

大家都知道，業務工作的好處之一，在於自己可以決定要領多少月收入。今天你可以決定要拜訪幾個顧客，一天要工作多少個小時。你有多少訂單，就值得在下個月領取多少的收入。

其實，這個觀念只對了一半。

　　沒說出來的另一半是：錢不會從天下掉下來。放鬆的業務和轉緊的業務，收入會相差十倍、百倍，甚至千倍之多！

　　我身邊所認識的超級業務員當中，月收入超過 100 萬以上的，至少就超過 50 位！

　　這些人是每天躺在那裡，錢就自動跑進來的嗎？如果你知道他們每天的行程，可能會非常訝異，幾乎都是從一起床就開始工作到睡前。

* 普通業務員看報紙打發時間；超級業務員看報紙找跟顧客聊天的話題。
* 普通業務員吃飯的時候滑手機打卡；超級業務員約顧客一起吃飯，專注聆聽對方。
* 普通業務員跟顧客談完以後，等待訂單發生；超級業務員跟顧客談完以後，不但做好完整記錄，還有明確的跟進計畫。
* 普通業務員稍微受點委屈，就找一堆人嘰嘰喳喳抱怨；超級業務員遇上委屈，立刻調整能量，趕快再約下一個顧客，

用成交洗去心裡的不愉快……

我還沒講到他怎麼不斷演練銷售話術技巧，怎麼想辦法打進一個又一個不同類型的人際圈。

讓我把「業務工作的好處之一，在於自己可以決定要領多少月收入」這句話修正一下：

「只要你的銷售能力到達一個本能的反應，
接下來你每個月的月收入，就是自己可以決定的了。」

如果你已經開始從事業務的工作，要把每一天當作是一個挑戰。並在這個過程當中，非常用心的去觀察、去體會、去學習自己真正的銷售能力跟技巧。

只要這個技巧熟能生巧到一個程度，變成是本能反應，你成交的比例將可以高到你想像不到的境界。

接下來，最美好的事情就會發生：每個月的收入要多少，

就是你自己可以決定的囉！

銷售的核心在溝通

所謂業務，只有銷售商品嗎？

所謂業務員，只有編制在業務部的人嗎？

根據最新統計，地球人口突破 70 億人了，你認為其中有多少比例和業務有關？

我認為是 70 億人，連嬰兒都是！

一個嬰兒，需不需要透過大聲哭來吸引媽媽的注意力，好為他餵奶、換尿布？

一個公司老闆，需不需要宣揚公司理念和目標，以推動整個公司的經營？

一個媽媽，需不需要引導孩子接受生活和教育觀念，讓家庭更和樂？

一個總統，需不需要跟國民溝通施政重點，以帶動國家發展？

一個醫生，需不需要讓病人知悉狀況，建議他做一個最好的選擇？

有沒有發現，所謂「銷售能力」指的不單單是銷售商品，它最主要的核心其實是「溝通」。

也就是說，每個人都需要「溝通銷售」能力。你銷售的能力越好，賺的錢就越多；你溝通的能力越好，生活的品質就越好。

因此，你絕對要花心思來培養你「溝通」這項能力。

如果你是業務員，具備了溝通銷售的能力，你就有辦法在

每一天與人互動，達成最好的效果；你就有辦法在每一個月挑戰目標、達成目標，為自己創造最高收入。

那麼，怎麼做好溝通？不一定要用「說」的，請抓住這個簡單公式：

我是誰→跟誰→用什麼方法→達到什麼目的

重新套用上面的例子：

我是嬰兒→跟媽媽→大聲哭→餵奶、換尿布；

我是老闆→跟員工→開會布達／制度獎懲／口頭鼓勵→推動經營；

我是員工→跟老闆→用成績證明績效／適時當面反映→爭取權益；

我是媽媽→跟孩子→引導教育觀念→在學校表現好，同時

家庭和樂；

我是總統→跟國民→傳達施政理念→帶動國家發展；

我是醫生→跟病人→說明情況→建議療程。

溝通不是說服，不是比誰聲音大，先幫對方想，然後他就會幫你想。

✊ 該複製的不是成功模式，是信念

世界第一的潛能大師安東尼・羅賓（Anthony Robbins）說過，你必須要複製最重要的三個關鍵，分別是：

1. 信念
2. 策略
3. 作法

　　大多數的人看到誰的成就特別好，只會去模仿他的作法。
然而，安東尼・羅賓提醒大家，最重要的關鍵是「信念」！

　　世界級的業務員，都有一個共通的信念：

　　「我可以在任何時候　銷售任何產品　給任何人！」
　　「I can sell anything to anybody at anytime!」

　　敢說出這樣的話，背後蘊藏多大的自信！因為帶著這樣的
自信才有辦法在市場上面對所有的顧客和挑戰，在每一天、每
一個月，創造最高的績效，產生最多的收入。

　　我們來比較一下「複製作法」和「複製信念」的差異。

　　複製作法的人，學到的是表象，比方他看到超級業務員每
天五點起床，五點半吃早餐，然後看報紙吸收訊息、去上班、
跑顧客，一直到晚上陪顧客吃飯應酬，半夜了還硬是抽出時間
讀書。這樣做一天、兩天很充實，把時間都塞滿了，可是當他

碰到顧客拒絕的時候，不曉得怎麼轉彎，也不懂為什麼超業可以越賣越高價、越賣越多樣，他卻連手邊產品都快保不住。或者，學人家講話的方式，甚至學人家怎麼穿衣服、舉手投足，原來最珍貴的個人特質都模糊了。

複製信念的人，學到的是思想，隨時隨地輸入「我可以在任何時候 銷售任何產品 給任何人！」、「我可以在任何時候 銷售任何產品 給任何人！」碰到問題就算不能立刻解決，照樣會有雄雄鬥志再想辦法試試別的切入點。他追求的不是表象上一模一樣，而是從內在讓自己變成一個成功者。

所以，觀察一下你所認識業績特別好的人，有的擅長快攻，來一個「殺」一個；有的擅長策略布局，時間稍微長一點，但是一撈一大票；有的擅長自己賣；有的擅長組織戰。一種米養百樣人，每個人做得好的訣竅各自精采，不過心裡面的「信念」通常是一樣的。

送給你一個世界級的銷售信念，期待對你的業務工作產生

最大的幫助。

從今天開始，搭捷運的時候，走路的時候，等顧客空檔的時候，請記得隨時隨地輸入：「我可以在任何時候　銷售任何產品　給任何人！」

每次拜訪都成交

哇！有沒有這麼神！每次拜訪都成交，可能嗎？

如果我們來重新定義「成交」的意思，你就會知道這個聽起來不可能的事情，實際上是做得到的。我們常說的成交，就是「賣出去」。那麼，除了你所銷售的商品之外，還有什麼是可以賣出去的？

你真正在銷售的是你自己！

一般的業務賣商品，一流的業務賣自己。

每次拜訪都賣出商品，當然不太可能，你見過每次投籃都進球的籃球員、每次打擊都安打的棒球員，還是每次狩獵都成功的獅子嗎？大自然運行的法則是「機率」，業務員也是人，銷售成功率有高有低，卻沒有100%。然而，如果你將成交的定義修改為賣自己，情況就會大大翻轉，能做到每見顧客一次就讓他對你印象加深一點、好感度增加一點，這樣就等於每次拜訪就成交。

道理很簡單：顧客買任何產品以前，他必須要夠認同你、相信你、喜歡你。所以，在成交之前，一定需要做足功課，讓顧客相信你甚至喜歡你，才會產生成交的結果。

我們看到很多業務人員，一看到人就拿出ＤＭ，開始滔滔不絕講產品多好多好，他講得口水噴滿天，顧客心裡的圍牆只會越築越高，眼睛可能看著他，耳朵早就關起來。最後，客氣一點的人會說：「我再想想。」直接一點的就說：「我不需要。」

要怎麼建立信賴感，請抓住這個訣竅：

- 你可以為他的「公司」創造什麼價值？（事業）
- 你可以為他的「家庭」創造什麼價值？（親人）
- 你可以為他的「未來」創造什麼價值？（人生）
- 你可以為他的「夢想」創造什麼價值？（自我實現）

有沒有發現，完全沒有講到產品功能？你的每個動作都在幫他設想，就是沒有為你自己的業績。有的顧客可能很快相信你，立刻就購買了；有的可能慢一點，但對你留下好印象，只要取得對方的信任，未來就有無限的可能。

我認識的超業朋友們，平常會花很多時間在整合人脈，讓自己成為「資源」的一部分，當任何顧客有需要的時候，可以馬上發揮功效，而一次又一次的幫助別人，就等於跟「潛在顧客」關係從 50 分、80 分到 100 分，每一次都在加分，每一次都在成交，原本的潛在顧客，早晚會成為你的永久顧客。

✊ 相信的程度，決定成交的力道

有沒有聽過「80/20 法則」？

這個法則最初是義大利經濟學家維弗雷多・帕雷托（Vilfredo Federico Damaso Pareto）在 1906 年的觀察而得出，他發現義大利 20% 的人口，擁有了該國 80% 的財產。也有人叫它「二八定律」，泛指 20% 的原因帶來 80% 的結果。

一家公司的銷售情況時常也符合這項法則，同一批產品給同一個業務部隊去賣，結果往往表現最好的 20% 業務員，帶來 80% 的業績。很奇妙吧！明明一樣的東西，有的人去賣，被顧客打槍回來；有的人去賣，卻能創造亮眼成績。

差在哪裡？厲害的業務員一天有 48 小時？還是長相比較好看？

我觀察的心得是，完全取決於那個業務員「成交的力道有多強」。

這裡面可以再細分兩大力道來源：

一、你有多相信「產品」？

請先自問這幾個問題——

- 你有在使用你的產品嗎？
- 你有真正感受到你的產品有多好呢？
- 好到什麼程度？
- 有沒有好到靈魂的深處？
- 有沒有好到進入你的潛意識呢？

如果你對於產品的認同高到一種程度的話，說服力渾然天成，成交比例自然高。

二、你有多相信「自己」？

很多人相信產品、相信公司、相信團隊，卻偏偏對自己有一些質疑。

因為他可能偶爾打混摸魚一下，偶爾一天當中只用 20% 時間在工作上，甚至早上眼睛一睜開，不知道今天到底該做什麼，久而久之，他變成不相信自己了。他知道產品很好，但是因為他不相信自己可以做最好的服務，不相信自己可能帶得動別人，連帶使得成交力道變弱了。

不管你賣的是汽車、房子、保險、直銷，還是一顆芭樂、一把青菜，世界上所有的銷售，都是一個「相信」的過程，一種信心的傳遞，要帶動顧客，首先得帶動自己。

要怎麼帶動自己？方法千百萬種，一樣利用 80/20 法則，抓最關鍵的 20% 來提昇 80% 的效果：深入了解產品，同時保持穩定自律，你的成交力道將一天比一天更強！

銷售的真諦，在解決問題

金氏世界紀錄登載全球最會銷售的業務員喬‧吉拉德

（Joe Girard），被訪問成功的訣竅時，他說：「一切都是為了愛。」

　　喬．吉拉德從 1963 年至 1978 年 15 年之間，總共賣出 13,001 輛雪佛蘭汽車，他曾在一年中賣出 1425 輛，一個月內賣出 174 輛，更曾在一天之內賣出 18 輛車，簡直不可思議，此紀錄至今無人能破。而且請注意，美國當時處於經濟衰退中，失業問題嚴重，買車的人比以前少，他還能保持每年 10% 以上成長。

　　他當然非常會講話，但能締造歷史紀錄，卻不僅僅靠講話而已，而是他相信顧客只有今天跟他買，才會得到全世界最好的服務。比方說，顧客想要的車款缺車，他會想盡辦法馬上調車來；顧客買了新車，他會自費幫他做一次四輪定位；碰到生日和重大節慶，他會手寫卡片一一問候；顧客的車如果沒修好，他會再請師傅去處理；顧客如果願意幫他轉介紹，他會給予優厚獎金⋯⋯

他解決了顧客說出口的問題，也解決了沒說出口的心理需求。缺車是有說出口的問題；新車做四輪定位、生日想被重視、車又壞了想有人來負責、轉介紹想吃點甜頭，是沒說出口的心理需求。因此顧客不只買了車，還和他建立了深厚的「關係」。

我從事講師事業也一樣，由於自己歷經過三次創業失敗，然後從學習中得到力量、迅速恢復，再登上高峰，非常了解學員說得出來的問題，以及沒說出口的心理需求。

一般的講師是用意識在講課，我是用潛意識在講課。也就是說，我在課程中不用看任何演講稿，而且可以這樣子講一整天。

為什麼？不會累嗎？

我所有的原動力，就是非常渴望幫助學員，讓他少花幾年時間、少繞點冤枉路，更快得到真正想要的結果。沒想到這樣單純的用心，對學員個人發揮效果以後，不只他持續來參加，還會帶同事、帶家人來，而我所解決也不只是事業上的問題，

有人的感情問題、家人相處問題,也在課程中得到答案,彼此雙贏。

幫顧客解決問題講起來很容易,怎麼做?一個字:聽。

有說出口的,用耳朵聽;沒說出口的,用心聽。有時候不急著承諾好好好,回去沉澱想一想,假如你是他,真正要的是什麼?

會做服務,才是真的懂銷售

我研究過世界上每一個最頂尖的銷售大師,這些大師在從事業務工作時,80% 的業績都來自顧客幫他們轉介紹。會轉介紹的原因,來自他們非常了解服務的威力。

只要你向喬・吉拉德買一輛車,接下來的每個月都會收到他的卡片,上面寫滿感謝的話,最後註明:「我是最愛你的喬・吉拉德。」如此接續不斷,三年過去,會收到 36 張卡片;

五年過去，會收到 60 張卡片，每次感謝的話語都不一樣，卻同樣不斷的提醒你，他的服務有多麼好。

五年後，當你想換車，最先會想到誰？當你跟隔壁鄰居聊天，得知他想要買車，你會推薦誰？

喬·吉拉德從進入汽車業開始，就不站櫃檯值班，選擇更具挑戰性的陌生開發路線，這在當年幾乎不可思議。不值班，意味沒有「自來客」，每一塊錢獎金都得靠自己想辦法開拓。

因此，他格外注重服務與口碑，這兩項加起來的威力，如同複利存款，好好經營，會隨著時間過去，發生等比級數的效果，也就是 1 個傳 2 個、2 個傳 4 個、4 個傳 8 個、8 個傳 16 個……，你不妨拿出計算機，用 2×2 按個 20 次，就會明白他的業績為什麼能登上金氏世界紀錄。

我曾經去跟銷售大師湯姆·霍金斯學習，他說他賣房子

80% 也都來自顧客幫他轉介紹。

為什麼呢？因為他非常非常重視「服務」。

如果你研究日本銷售之神原一平，他也會不斷的告訴你，服務舊顧客有多麼重要。

我曾在「超級業務競爭力」課程中，請到南山人壽的頂尖業務員黎順發來分享。發哥說，他客戶這麼多，現在開發的比例變少了，目前有 80% 來自顧客自動幫他轉介紹，或者舊顧客重複購買。每天工作時間沒變長，業績量卻比以前高出許多。這就是轉介紹的神奇魔法！

以前我們常聽人說，要攻占「市場占有率（market share）」，現在競爭激烈，加上網路方便、自動化發達，搶攻顧客的「心占率（mind share）」，才能突圍而出，創造 3 倍、5 倍、10 倍的業績。

教你一個小祕訣：

你不用刻意練字寫卡片再跑去郵局寄，只要少滑一點手機，偶爾跟顧客講個電話，跟他聊幾句，就是很好的服務。

反對問題，是購買前的訊號

很多業務員都背過話術手冊，但實際面對顧客的時候，卻時常被反對問題打敗，三兩下就卡住了，沒辦法成交，回來覺得好挫折。

我的觀點是：顧客拋出來的反對問題，是購買前的訊號。被拒絕感到挫折很正常，只要讓挫折停留一分鐘就好。重點在如何掌握每一個反對問題，為下一次成交做最好的準備。

來！我們從頭整理一下銷售流程，有一種是比較理想的，從建立信賴感開始就不錯，一路到引發需求都順利。相對來說，後面的反對問題會比較小，甚至直接跳到成交。

另一種就是遲遲無法締結信賴，進一步又退兩步，覺得老是卡卡的。

我歸納有三種原因：

一、顧客不夠相信你

換句話說，在前面建立信賴感的過程中，你還沒有充分取得顧客的信賴，他也沒有完全認同你所要帶給他的資訊，或者你在他心中的分數、分量還不夠，所以他會拋出一些反對問題，想要再更確認一些事情。

二、尚未了解產品真正的價值

這是你在引發需求、塑造價值這方向需要強化。價值必須要高於價錢，最好是要達到 3 倍、5 倍、10 倍以上。產品價值 100 萬，今天只賣給他 10 萬，他就會覺得買到賺到。所以你必須在塑造價值這裡，營造最好的效果。

三、顧客害怕做錯決定

這個時候，你必須牽著顧客的手，告訴他，你在意他的感受。要做到信心的傳遞、情緒的轉移、體能的感染。讓他充分知道，做了這個決定，不只對他好，對他的家庭、夢想、未來，都是最棒的。你的責任，是去幫助顧客得到他想要的結果。

就像前面提過的「80/20 法則」，80% 不買的原因，發生在 20% 的理由上，根據我的研究，大部分的反對問題不會超過 5 個，用心蒐集這幾個你最常碰到的問題，去問最厲害的業務員，聽聽他的說法；閱讀業務技巧書籍，看看國內外的高手怎麼處理；參加業務課程，向老師學習各種情境怎麼見招拆招……。

徹底針對這 5 個問題，研擬 100 套對應劇本，接下來，能讓你挫折的機會將越來越少，而你的收入則會越來越高。

舉個例子，顧客常說：「我很忙，沒有時間。」這樣說，基本上不脫兩種情形：

1. 他真的已經排事情了。

2. 這是委婉拒絕的說法，彼此不傷和氣。

我們換個方式來跟他聊什麼事情是最重要的，而這個商品可以怎麼協助這件最重要的事。比方我要推課程，顧客說他很忙沒時間上課，那麼我會問他目前工作上，達成業績是不是重要的，相信沒有人會說不重要。花 3 天上課，學習讓業績跳 3 倍的方法，以投資來說，3 天回收 300%，請問哪位股票老師有這種績效？當同業來參加課程，享受業績跳 3 倍的時候，才想要來追趕，這樣是省時間還是加倍花時間？

我們不否定沒時間的說法，讓他主動改變重要性排序，自然有時間。

銷售六大能力

做業務的朋友，可能常聽說這個人銷售力不錯，那個人銷

售力很強。你知道所謂銷售力是可以透過「系統化」培養的嗎？以下就是我研究整理的六大能力：

一、開發客源的能力

業務工作的原點，來自「數量」，手邊擁有的名單越多，機會就越多，成交的件數相對也越多。你我都有些做保險、做傳直銷的朋友，最常看到的就是找身邊親朋好友進行銷售，但是賣完第一輪之後，嚴格說起來，業務生涯才真正開始啊！

開發客源有幾種管道，第一種是轉介紹，當你把服務做好，跟你買過的顧客或者好朋友幫你傳口碑，通常透過這種管道成交比例是很高的；第二種是陌生開發，自己想辦法透過實體活動或者網路，去結交你原本不認識的人；第三種是開發特定族群，對某群人特別熟悉，更了解他們的需求；第四種是網路開發；第五種是服務延伸，顧客轉介紹。

二、建立信賴感的能力

這個能力和是不是很會講話沒有必然關係。與人相處，能

不能讓對方相信你、喜歡你，很多時候來自你的「狀態」。狀態可以分成兩個層面來看，最顯而易見的是外在，外表乾淨整齊；對方講話的時候專注聆聽；眼神自然看著對方，不要東飄西飄……，這些都是行走江湖基本的儀態。

另一個比較微妙的是內在，同樣一個動作、同樣一句話，由誠懇的人來說，和油腔滑調的人來說，效果就是天差地遠。「相信」是讓內在發揮力量的重點，一個打心底相信自己的人，顧客是會感覺得到的。

另外，建立信賴感，我提供以下幾點建議：

* 外在形象；
* 專業；
* 快樂與感動；
* 投其所好；
* 用 NLP（神經語言規畫，Neuro-Linguistic Programming 的簡稱）調頻率。

三、引發需求

　　引發需求是銷售高手最重要的能力，讓有需求的人立刻購買，原本沒需求的人產生需求。一旦了解對方的價值觀，真正了解對方需要的是什麼，你就會更容易得到成交的結果。

四、解決反對問題

　　顧客的反對問題，基本上不超過以下五個：

- 太貴了；
- 沒時間；
- 我問家人；
- 有沒有效？
- 我沒有錢。

　　只要能針對這幾種反對問題，個別找到最好的解決方式，你一定會成為超級業務員！

五、成交

　　做業務，誰都想成交訂單，所以在此之前，你必須做好所有準備：

- 為產品找出賣點；

- 相信產品可以協助顧客；

- 相信自己可以達成目標；

- 專注聆聽顧客；

- 探詢顧客真正的需求；

- 處理反對問題；

- 判斷簽約的時機點；

- 遞出訂單和簽約筆；

- 感謝顧客做了明智決定。

六、服務

　　很會賣，是稱職的業務；很會服務，才有可能成為超級業務。

　　一個很會賣的業務員是武功高手，來一個打一個，甚至像葉問那樣一個打十個也沒問題；一個懂得服務的業務員，透過服務讓顧客對他印象深刻，願意主動幫他轉介紹、傳口碑，開枝散葉以後，他等於是軍隊裡的大將軍，只要坐鎮指揮，自然

有無數人幫他一起打這場業績的仗。

分享一個小祕訣：超級業務的服務不是從簽約完成才開始，而是從顧客見到他的第一眼，在每句話、每個動作裡，都為對方設想。

✊ 畫四個同心圓，這樣開拓客源

業務單位常發生一種有趣情境：某人業績不佳，主管要他趕快去開拓客源，只見他一臉無辜的說：「我沒有客人可以拜訪。」好像等著天上掉下現成的名單給他。

對業務員來說，開發客源是每天都要做的。等到業績不夠才來做，絕對來不及。

怎麼做？請準備一張紙、一枝筆，跟我畫幾個圓。

一、從自己開始

喬·吉拉德曾經說過，每一個人背後至少有 250 個人脈，這是離你最近、最可以立即使用的資源。

請畫第一個小圓，中間寫「我」。

二、日常生活

業務員成天在外面跑，多少會認識幾個新朋友，再不然就是會拿到公司派來的名單，打打電話也能認識一些人，由於都見過面或至少講過話，已經可以進行第一階段接觸。不要小看一天幾個人，日積月累下來也是人脈資料庫，假設一天認識 5 個人，一年 365 天下來就有 1,825 人。如果你不懂得掌握，那麼就算碰到 10 個人、20 個人，不過只是過客而已。想辦法多留幾項資料，加個 FB、LINE，營造機會進行更多接觸。

像箭靶那樣，請在剛才「我」那個小圓外層，畫上第二圈同心圓，寫上「每天見的人」。

三、特定族群

　　和「每天見的人」比起來，你還會因為工作、朋友或參加社團，認識一些特定族群，可能因單項專業聚集，例如學會、協會；可能因特定目的聚集，例如青商會、扶輪社，包含 BNI 這類短時間聚會也算。這群人由於同質性高，只要抓到對他們銷售的「眉角」，等於擁有現成的口碑部隊。

　　另外，現在網路發達，FB 社團、「LINE@」很多，認識特定族群的管道比以前方便很多，想辦法認識板主、常發言的意見領袖，偶爾去參加板聚，加深別人對你的印象，也是一種拓展人脈法。

　　請畫上第三圈同心圓，寫上「特定族群」。

四、顧客的轉介紹

　　已經向你購買的顧客，是最好的口碑部隊，大方請他幫你介紹朋友，效果可能出乎意料。如果因此成交，請讓他知道，甚至包個紅包謝謝他；如果沒有成交，可以告訴他對方評估中，

即將下訂，要更用力謝謝他，讓他了解推薦有發生效果，往後更樂意一直幫你找人。

請畫上第四圈同心圓，寫上「熟客轉介」。

這樣看下來，是不是每天都可以很有系統的開發客源？從此不要再亂槍打鳥，更不會在月底缺業績才想到要開拓。

經營人脈，其實就是「每天交朋友」這麼簡單自然！

人脈如珍珠，先好再多

有的人一聽到開拓人脈，腦子裡浮出來的都是有人被騙，甚至還有朋友到家裡把財務洗劫一空……等等，那些不一定是他的親身經歷，很多是從新聞上看來的。不過因為長期接受到負面訊息，連帶對建立人脈也沒有好印象，自然而然就不會去經營。

在我的觀念裡，建立人脈就像儲備水源，平時有準備，需要的時候才有水可以喝；反過來說，等口渴了才想到要挖井是來不及的。所以，平常就要持續建立好的人脈。

關於人脈的建立，我有兩個標準：

一、這個人是不是想成功、想賺錢、追求成長的人

我覺得這樣的人，他熱愛吸收新資訊、勇於大量行動來實現夢想，跟這樣的人交往，你會感覺生命是充滿樂趣的。

二、人格與品德

跟一個做事正派的人交朋友，可以很放心，也可以從他身上學到正確的價值觀，這比任何事情更重要。

基本上只要抓住這兩點，你就會知道有沒有找到「珍珠」。怎麼找？從「培養珍珠」，也就是生活上交朋友做起。

舉個例子來說，大家都知道裕隆集團董事長嚴凱泰，他現在已經擁有百億身價，你想要去認識他容易嗎？我想是不太容

易的。但是如果時光回溯到他 23 歲、剛回到臺灣的時候，接管一個這麼大的企業，在他當時壓力那麼大的情況下，你有機會跟他認識，是不是跟他就變得比較沒有距離，比較容易成為好朋友呢？如果那時候你經營下來，現階段，你身邊就有一個百億富翁了！

再舉例林書豪，現在要認識他容不容易？但如果你在他很辛苦的階段，有機會跟他互動，就算只是偶爾打打球都好，那麼你們的交情，就跟後來看他紅了才來結交的人不一樣了。

如果你本來不懂怎麼挑珍珠、培養珍珠，那麼從現在開始永不嫌晚。更重要的是，在找珍珠之前，你自己也要是那顆珍珠——

1. 想成功、想賺錢、追求成長。
2. 擁有良好的人格與品德。

開發你最熟悉的族群

先說一個真實故事：

有位學員來找我一對一諮詢，她在保險業做了 10 年，每天認真從早做到晚，很勤跑客戶，該考的證照一張也沒少，一年 365 天這樣努力，卻一直沒有得到等比例的收入。

我跟她談完工作模式後，多聊了一些生活背景，了解她原來是陸配，到臺灣已經十幾年，在融入臺灣文化方面沒有問題，問題出在沒有抓對適合她的族群，於是我建議她專攻「一個」族群就好。這個策略非常大膽，她從沒聽過這樣的說法。

她問：「什麼族群？」

我說：「和妳一樣的陸配族群。」

我接著說：「你本身就是這樣的背景，所以你對這群人會特別的了解，知道這群人來到臺灣會遇到什麼事情，好比說多

久要回去內地一趟？碰到年節假日訂機票、車票多麼麻煩？各省人之間會有哪些共通話題？嫁到臺灣來碰過哪些適應上的問題？臺灣哪裡吃得到家鄉味……，簡單說，只有彼此經歷過同樣情況的人，能夠講得上話，而妳就是她們的『自己人』。」

她聽了我的建議，嘗試了以後，發現效果不錯，業績很快就突破原有瓶頸。

同樣的原理，你也可以專門開發老師族群、醫護人員族群、退休族群、高階主管族群……。這樣做有兩個好處：

一、熟悉需求所在

你對他們的收入、退休金、工作時間、有興趣的話題、最在意的事情……都會有一定程度了解，容易建立共同語言，節省摸索時間。

二、口碑推薦

專注經營一個圈子的另一個好處就是，如果一位顧客滿意，他很快會在圈子裡幫你傳播口碑，等於是免費的廣告。

等你經營一個族群熟練以後，就可以用同樣的方法進攻另一個族群，再將它變成一套「系統」，那麼就可以同時做業績又做組織。

我用上面說的陸配來舉例，如果經營陸配族群成功，是不是還有其他外配也需要服務？而這些陸配、外配是不是有可能也想多賺一點錢？那麼我就可以請她們跟我一起服務和「我們」有同樣需求的人。

用流程來說明：

專注經營一個特定族群→套用到經營其他特定族群→將族群裡的人動員起來，做組織戰→將組織戰的成果回饋給這些加入的人→讓得到成果回饋的人幫你傳口碑，再帶人一起來

還不知道顧客從哪裡來？先從你最有把握的族群開始！

顧客買的是：感覺

業務員有三種層次：

第一個層次：賣產品。

第二個層次：賣價值。

第三個層次：賣感覺。

有沒有發現，境界越高，賣的越不是理性，而是讓感性做決定？

一顆半克拉的鑽石 3 萬多元，但擺在 Tiffany 專櫃，可能要賣 18 萬、20 萬。

差別在哪裡？

在品牌。

那個品牌，就是顧客買了 Tiffany 的鑽戒戴在手上，會很容易秀出來給她的姊妹們看。她的朋友看到後，她可能還會說出一句：「這是誰送給我的 Tiffany 鑽石。」

之所以價差要這麼大，只是為了要得到一種「感覺」。

一個包包，2000元就能買到不錯的了，但一個 LV 的包包要 4 萬、5 萬元。為什麼價格差這麼多呢？因為帶著 LV 的包包出門，朋友看到那種感覺是不一樣的，所以人們願意為了要得到這種感覺而花那麼多錢購買。

男士們也一樣。有一些人渴望「做牛做馬」。

坐牛是指藍寶堅尼，大牛 3 千萬、小牛要 1 千 8 百萬；坐馬是指法拉利。他想像開著這臺藍寶堅尼在忠孝東路上，所有人看到你呼嘯而過，車子「轟！轟！轟！」的聲音，是一種快感。停紅綠燈的時候，大學同學走過來，無意間看到你開在路上，那種「優越感」是他要的。

有些感覺，是品牌長期下來經營的，像 Tiffany、LV、藍寶堅尼、法拉利⋯⋯，那麼沒有品牌印象加持的產品怎麼賣？

我用不動產來舉例：

一對年輕夫妻來看房子，在樓下看到就說：「哇！這個庭院好棒呀！有一棵大樹，以後孩子們可以在院子裡玩！」

結果，他們進去參觀了這房子之後，覺得廚房太小了，帶看的 Top Sales 這樣跟他們說：「想像一下，孩子在院子裡玩完，進門就有熱騰騰的飯菜，這種感覺多好！」

這對夫妻一聽覺得有道理，再去參觀主臥室，太太覺得主臥室的高度太矮了，有點壓迫感。這時候業務員又說了：「孩子的童年只有一次，我們是不是要給他們最好的活動空間，最舒適的庭院呢？我們剛剛在樓下看的院子，是不是可以讓孩子在成長的過程中，每天都享受這種在戶外自由又安全的感覺呢？你們從主臥室看下去，小孩子在庭院跑來跑去，這種感覺多棒！我們所有的努力，不就是為了全家人更幸福嗎？」

天底下沒有完美的產品，只要懂得銷售完美的情境，將顧

客要的感覺放大，就算你的產品有些小瑕疵，顧客也會為了得到他要的那種感覺而購買。

這正是銷售迷人的地方。

你賺錢的速度，百分之百跟你的銷售能力成正比。每個人都必備銷售能力，只要花心思去研究銷售，參加最棒的銷售課程，你就可以成為銷售高手。此時你會發現，銷售是一件很好玩的事！

延伸閱讀
掃瞄 QR- CODE 看更多！

開發客源

建立信賴感

引發需求

解決反對問題

成交

服務

領導者最重要的
四項條件

領導你自己

領導五件事情

願景領導

領導五德

領導者最重要的
兩件事

03
領導的能力

幸福領導人最重要的兩件事

很多人都希望能當主管，認為當一個領導者是很有面子的事，既肯定了原來的成績，又代表通往未來可以帶領更多人的美好憧憬。

實際上，領導是一門高深的藝術，我們看過有人明明是不錯的業務員，可是一旦當上業務主管，表現卻遠不如預期。有人為了取得夥伴信任，從弄攤位到行政文件再到家庭拜訪都做了，結果發現做越多，夥伴離得越遠，依然不願意交心，下達指令後依然不動如山，怎樣就是帶不動團隊。

為什麼？

人是依循習慣的動物。我們先回想一下自己在成長過程中所接受的「領導」，大多來自學校師長、軍中長官及公司的主管這三種人。請問這裡面威權主導的多，還是協助你成功的多？

我們在不知不覺裡，學到的不少是偏頗的領導方式。領導的真諦並不是指派人、耍威風，而是抓對方向、做正確的事。一個領導者最重要的兩件事情：

一、整合資源達成團隊的目標

你必須要告訴大家，我們往哪個山頭去攻？為什麼要往那個方向去攻？到了那個地方對大家有什麼好處？對大家實現夢想有什麼樣的幫助？

領導者就是要領導方向，所以要勾勒出願景，告訴大家這個月的團隊目標。如果團隊沒有在看目標，領導者會變成都在處理情緒，不會有業績，到頭來，你只會成為陷入解決問題的迴圈而已。跳出來，請將你的資源放在「達成團隊目標」上！

二、幫助更多的夥伴達成目標

和前面所提一樣，不要陷入辦軟性活動、家庭拜訪這類事情裡面，跳出來，教他怎麼設定目標、怎麼達成目標。達成目標賺了錢以後，他的信心和動力會一次比一次增強，原來處處

是問題的，現在統統沒有問題。

人就是這麼奇妙，感情再好，沒有賺到錢他還是會離開的；賺了錢、看得到未來，再大的目標都願意挑戰。

以上兩大點再拆解下去，可以細分成這五個事項：

一、領導「人」

了解團隊成員當時進公司的時候，他要得到的是什麼，然後建立關係，凝聚共識。

二、帶動團隊

著眼團隊，獎懲公平。一個團隊的雛形是誰塑造出來的？領導者。所以你必須要知道什麼是對的！對的獎勵，錯的懲罰，標準一致才帶得動人。

三、達成目標

你喊的團隊目標，必須要引起大家的熱情，同時跟他實現

夢想直接相關聯。有動力，大家更會一起衝。

四、建立系統

　　要讓「對」的事情重複發生，例如：如何啟動人才要有一套系統；如何保留人才要有一套系統；如何辦活動也要有一套系統……，透過系統，讓發生效果的時間縮短，就是高效率的管理。

五、給予夥伴願景

　　所謂的願景就是一套有效的商業模式，相關的事項有：知道我們主力要開發哪一個族群的人；我們如何幫助這群人，快速實現夢想，又同時變成是合夥的對象，讓人才吸引更多人才。

　　作為領導者，必須了解這幾個項目真正的意涵，才不會又跑回去做枝微末節的瑣事，你會發現自己做得比原來少，團隊士氣竟然比原來高！說到底，我們領導的是人，能夠達成目標的也是人，所以一個團隊要爆發、要成長，人才絕對是最關鍵

因素之一，這點跟企業家經營事業的道理相通。

但是人才怎麼辨識？人才進來之後，你要如何徹底的啟動他，讓團隊進入十倍速成長？

✊ 吸引人才、啟動人才、保留人才

世界級的管理大師湯姆・彼德士說：「21 世紀的競爭就是人才的競爭。」無論團隊或企業，誰的人才多，誰就能勝出。

很多教育機構的朋友來找我聊天，詢問「佳興成長營」為什麼可以找到優秀的夥伴？而且每個人不只在開辦課程的時候，想盡辦法給學員最好的內容、最好的服務，在設定目標、達成目標上，也保持同樣「使命必達」的態度，令人非常感動。

接下來成長營有更多優秀的講師，也將一起來提昇全華人的競爭力。他們問：「到底你是如何讓這些講師主動向你靠攏

的？」

我會跟他們分享：吸引人才、啟動人才、保留人才。

通常你要吸引人才、啟動人才、保留人才，最重要的就是「你自己」，也就是說，你自己必須是一位人才。原因很簡單：良禽擇木而棲，如果你是一棵對的樹木，自然會有鳳凰來。

這個「三部曲」的過程是這樣的：

怎麼成為一棵對的樹？你自己必須想盡辦法，在專業領域做到最好，到出類拔萃的程度，用全球暢銷書《祕密》的話來說，這叫「吸引力法則」。當人才向你靠攏，就會願意接受領導。

接下來，他可能在短短一、兩個月達成目標之後，對這事業產生憧憬，渴望在這個地方，實現他所有的夢想，所以他更容易變成是你團隊的領導者。

回到原點，你要去思考的是自己如何再升級，同時保持每天打開天線，時常去接觸人才，要電話、加 LINE，立刻跟他取得聯繫，有機會就約出來喝杯咖啡，隨時隨地都要有 30 個、50 個人才在跟你互動。

當他進來你的團隊之後，你要有辦法徹底的啟動他，用他的價值觀來跟他聊他的夢想，跟這個事業產生連結。再來，要給他足夠的舞臺以及空間，讓他可以充分去發揮。如果以上這幾點都做到的話，我相信很容易達到吸引人才、啟動人才、保留人才的結果。

✊ 人才怎麼找

前面說到，自己做到出類拔萃，自然會吸引人才。不過，大家都在搶人才，總不能天天被動等人家來，主動出擊會是更積極的方式。

關於怎麼樣找到頂級人才，我有三個心法：

一、心裡清楚要找什麼樣的人

也就是還沒看到人，腦海裡已經有輪廓了。需求明確了，才知道去哪裡可以接觸到他們。

二、我可以提供什麼系統、什麼價值

這是當人才來了以後，他為什麼願意效力的關鍵。這個環境就是為這群人設計的，所以很容易滿足他們的需求。

三、我是不是有團隊、有環境讓他發揮

和第二點一樣，我要他不只願意效力，還願意留在這裡長期貢獻。

有沒有注意到？我連人都還沒找進來，就已經幫他先建構好一個可以長期發揮的環境。這個道理就跟銷售一樣，客戶還沒買，我就已經幫他描繪好買了這個產品以後，對他生活、家庭、事業、自我實現的種種好處，你認為這個客戶成交的機率

高不高？

有個實際案例：

我們曾經協助過一個組織的團隊，我告訴他：「全部都找單親媽媽。」因為小孩子可能沒有人照顧，她不容易兼顧家庭跟事業，更別提創造更高的收入了。如果你的環境可以為這群人量身打造，就可以把小朋友聚集起來，然後請一些數學老師、英文老師來集中教學，這樣小孩子在旁邊學習，大人專心做事業，可以打電話、可以邀約、可以辦活動、可以開會，多好！當她帶著感恩的心工作，戰力絕對是一般人的倍數！

俗話說：「千軍易得，一將難求。」意思是一般的人力容易找，但是要找到一個將軍非常非常困難，因為一個人才可以帶來百人甚至萬人的效益。這件事沒有捷徑，只有不斷的拜訪，如果一次沒成功，就拜訪三次、五次、十次。

我以往在帶領業務部隊的時候，我的團隊有汽車業的 Top Sales、有出版業的社長、有飯店業的總經理，這幾位大將，也確實發揮了巨大的成效，有他們協助，我的團隊才能衝到全國第一名。

全世界產能最高的三項投資是什麼？答案是：人才、人才、
人才。

✊ 領導五德

1990 年代初期，波斯灣戰爭開打，美國派出最頂尖的史
瓦茲柯夫將軍（Herbert Norman Schwarzkopf）去攻打伊拉克。
以兵力來說，等於全世界第一名的軍隊，要攻打第四名的軍
隊。

當所有的戰艦聚集在港口時，所有的美國人都很期待趕快
把伊拉克打倒。沒想到平靜沒事過了 30 天，卻一點動靜都沒
有。漸漸的，有人開始反彈，一些媒體報導說，史瓦茲柯夫將
軍在幹什麼啊？趕快出兵去贏得勝利啊！

又過了 30 天，還是一點反應都沒有，於是美國國會開始
討論，要不要撤換史瓦茲柯夫？

又過了 40 天，也就是距離任命史瓦茲柯夫的第 100 天，他終於下令進攻。結果只用了 96 個小時就打敗伊拉克，一戰成名！

相傳當時他發給將領們人手一本《孫子兵法》，藉此提醒身為領導者最重要的五個德行：智、信、仁、勇、嚴。

用在業務領導上，我的觀點是：

所謂「智」，就是一個領導者要有智慧把資源整合起來，了解現階段的目標是什麼、今年度的目標是什麼，透過整合資源，來達成每個階段的目標。

所謂「信」，就是一個領導者言行一致，獎懲有一定標準，以實際行動讓夥伴願意相信。

所謂「仁」，來自是不是真正在意你團隊的夥伴，是不是真正在意顧客使用產品的情況。一個領導者的仁，決定他可以

把團隊帶到多大。

　　所謂「勇」，就是為決策成果負責。領導者每一天都在做決策，所以要有勇氣做最好的決策。

　　所謂「嚴」，指的是嚴厲，有時候是為了夥伴好，必須適時的嚴厲，才可以把潛能真正的激發出來。

　　這五件事情說起來容易，做起來難。我通常會拿一張小卡片，把這五件事情記錄下來，每天檢視自己的言行有沒有符合。和大家一起共勉！

領導你自己

　　做一對一諮詢的時候，有的團隊主管會問：「為什麼我的團隊整合不起來？一問之下，好像所有問題都在我身上。可是我明明盡心盡力，從早忙到晚，幫他們張羅這個、處理那個，做了所有事情，結果他們連 LINE 都已讀不回，我都快氣死了。

怎麼會這樣？」

　　我常回問一個問題：「一個團隊的雛形，是誰塑造出來的？」

　　答案只有三個字：領導者。不是大家、不是所有夥伴，很抱歉！就是領導者，而這個人常常是「你自己」。帶不動團隊，是因為你默默接受了一些事情，模糊了是非對錯的界線，夥伴們其實都看在眼裡，當「標竿」沒有樹立起來，大家也就隨隨便便，覺得反正都沒差。

　　這個時候，我會要對方先樹立三支標竿，先領導好自己，團隊夥伴自然跟著做。

　　第一支標竿，「事業觀」。

　　你現在是用百分之多少的心力在經營這份事業？70%？80%？90%？都不夠。真正的關鍵在你必須知道半年後、一

年後、兩年後、三年後，你的事業會變成什麼樣貌？當你有這種清楚的事業藍圖，團隊夥伴才會跟著「看見」，願意跟著你一起奮鬥。如果你沒有事業觀，夥伴很容易當下就鬆懈，遇到一個挑戰他就閃人不做了。

第二支標竿，「能力」。

好比蓋房子一樣，光有藍圖只是第一步，接下來要有執行能力，才能建造出夢想的房子。這些能力包含本書所談的：

1. 銷售的能力
2. 領導的能力
3. 達成目標的能力
4. 建立系統的能力
5. 公眾演說的能力

當你的能力越強，可以給夥伴的價值就越高；複製給夥伴的同時，你們的關係也越好。

第三支標竿，「狀態」。

一個人的狀態好不好、「氣場」強不強，夥伴及客戶是很容易感受得到的。很多領導人會忽略狀態的重要性，一早進辦公室就一副很累的樣子，沒什麼精神，夥伴一看到你這個樣子，就知道你昨天沒有睡好，可能又跟老婆吵架了，可能又在為什麼事情傷腦筋了……

這樣不行！

你必須每天一進辦公室，就讓所有的夥伴看到，你就是神采奕奕、就是無比的自信。開早會的時候，每個人都想跟你一樣充滿能量！所以你每天的狀態都要在 100%，夥伴才會被你喚醒，當他們在你身上看到希望，凝聚力自然強！

要領導別人，先領導自己，隨時檢查事業觀、能力、狀態這三支標竿有沒有穩穩的樹立在你的腦海裡。練習一段時間以後，你將發現，夥伴們也會跟著立出來。

✊ 提升夥伴意願的三種層次

一個團隊裡，通常有這兩種人，相信你的團隊也有。

第一類，意願超強型，一進到團隊就黏著你，時常說這些話：

「我很想成功，想給家人過最好的生活，你可不可以幫我？」

「我遇到一個 CASE，請問可不可以教我怎麼談？」

「我想學 OOXX，你可不可以教我？」

有沒有碰過這樣的新人？你覺得如果全力協助他，成功機率高不高？

第二類，孤芳自賞型。一進來團隊一副好像高高在上，對什麼都沒意願。請他參加教育訓練，他說有事要忙；和他約時間聊聊，他說已經跟客戶有約了；你用盡心力想幫助他成功，他的心思永遠在火星，就是回不到地球上；發個 LINE 過去，要嘛已讀不回，要嘛過了三天才回個貼圖。人似乎很聰明，但

沒有前進的意願，有用嗎？

　　作為一個領導者，總不能永遠靠運氣碰到第一類的人，要有激勵各類型夥伴的能力。我簡要分成三種層次：

一、溝通價值觀

　　可能他加入團隊的出發點，是為了他的家人好，就跟他聊一聊家庭，父母親也好、配偶也好、小孩也好，找出動力來源，為什麼想要來從事這份業務工作？想要產生終極的結果是什麼？然後溝通和我們團隊這個月的目標有什麼連結？從意識面進入潛意識面，讓他開始行動。

　　這是一個領導者必備，啟動人才的能力。

二、善用團隊整體氣氛來帶動

　　人很容易受環境氣氛影響。我有看過一種團隊，好像陰氣很重，每個人頭低低的，不太敢講話，當主管喊設定目標，大家你看我、我看你，最後接電話的接電話，上廁所的上廁所，

通通腳底抹油落跑。

　　另一種剛好相反，當你一走進去，每一個人的眼神是冒火的，頭髮是豎起來的，當主管喊說設定目標，每個人便主動說我這個月一定達成目標多少，讓人覺得很有幹勁，彷彿任何一個人加入，都可以在這裡實現夢想。營造這樣的團體士氣，讓每個人每天都期待來公司，每多做一點，就往實現夢想前進一步！

三、領導者的條件

　　這是最高層次，當領導者一站出來，本身就是個典範！

　　如果你的收入高、能力強、故事好、資歷完整，甚至曾經協助超過100個見證，接受過媒體報導，那麼新人只要見到你，自然會升起一種想要效法的熱情，只要你開口說這個月目標，他拚了命都會想得到你的認同，好繼續追隨你，或者夢想有一天可以變成你。

持續修練自己，不斷提高領導者的條件，這是最直接也最有效的啟動方法。當越來越多夥伴在這種意願 100% 的情況之下，來拚他的夢想，事實上你已經對他產生最大的幫助。

 ## 打造學習型組織

一般人談到手機，大家都會討論用哪個牌子的手機？Android 系統還是 iOS 系統？不曉得還有多少人記得曾經叱吒風雲的 Nokia？另外，在網路影片平臺當道的現在，又有多少人記得以前要租 DVD 時的首選是百視達？

這兩家企業的規模都曾經做到世界第一，也被許多企管書拿來當成功案例討論，怎麼才不到幾年的光景，一下子就過氣了？

其實，這類企業沒有做「錯」什麼，只差在改變太慢。當世界從兩倍速、三倍速到十倍速在變化的時候，產生機會的速

度變快；同樣的，淘汰的競爭也變快。再舉個例子，幾年前很紅的遊戲產業，在智慧型手機普及化、3G、4G行動頻寬更高以後，短短幾年內，「手遊（手機遊戲）」取代了電腦連線遊戲，而獲利模式也不斷翻新。到了2016年，「Pokémon Go（精靈寶可夢）」打破了App每日活躍用戶紀錄，達到2,100萬人，超越「Candy Crush」在2013年的2,000萬人！也就是說，每天全世界有2,100萬人在玩同一個遊戲，而且大人小孩都風靡，這是幾年前想像不到的事情。

在變動快速的世界，你的團隊有沒有時常進行「汰弱留強」？這裡的弱，不一定是哪裡不好，而是不適合團隊的人。另一方面，要保持不斷進步，就要把團隊打造成學習型組織，從灌注知識活水開始，讓個人、小組、團隊、企業了解世界的脈動。世界一流企業，像蘋果、台積電都是最好的例子。

以我自己為例，曾帶著夥伴去上海參加安東尼・羅賓「未來之路」課程，學習世界級大師怎麼辦課程；然後又飛到澳洲，不只學辦課程，還學怎麼搭音樂、怎麼主持帶動現場。

還有，哈福‧艾克（T. Harv Eker）在臺灣舉辦的 MMI（Millionaire Mind Intensive）課程「有錢人跟你想的不一樣」……等。這一連串學習的過程中，我有我的看法，他們有他們的感受，交流過後，大家一起進步！

如果你是一個領導者，務必立刻整合團隊每個成員的進步，這個團隊就有無比可能性，有可能成為你們區域第一名，甚至成為全公司第一名。團隊前進是一種氛圍，由你開始帶著一、兩個人跨出去，其他人自然會跟著向前。

✊ 領導者的四大條件

有些學員常來問我：「為什麼經過『佳興成長營』協助的團隊，業績可以飆漲？而且不是一個、兩個，是時常有新的見證？」

每個需要協助的團隊，各自有各自的狀況，但經過我實戰

分析、歸納，簡單來說，首要先解決這兩件事：

1. 引進吸引人才的系統；
2. 移植設定目標、達成目標的系統。

　　人才的定義非常單純：會達成目標的人就是人才，這裡面包含了能力、態度、熱情、學習力、未來性等等。好人才在市場上大家都在搶，如果今天你的團隊可以持續不斷的在每個階段都有一批一批的人才進來，業績絕對倍數成長！

　　每個領導者都希望這樣的美夢發生在他身上。但人才為什麼要來？我們再往下挖掘，領導者自己先要擁有這四大條件，才能成為「人才磁鐵」：

一、收入

　　領導人的收入是最清楚的標竿，講出來立刻讓人有感覺，他才會心動。你要想，他在別的地方月收入可能十幾萬，如果你也十幾萬，他會服氣、會想來嗎？可是，當你月收入破百萬，

甚至年紀差不多，他不只服氣還會好奇，想主動來向你學習。

二、故事

　　也就是實際戰績的意思。你有沒有傲人的實際戰績，例如在最短時間內創造驚人績效、進公司很短時間內就衝上第一名、創造連續幾年第一名紀錄……等等。有了傲視群雄的成績，進而利用簡報技巧重新包裝，讓他在最短時間了解你的豐功偉業以及人品。

　　人們喜歡聽故事，你的故事越精采，越有辦法達到吸引人才、啟動人才的效果。最好能做到讓人聽一次就能「說出來」，這是最有效的口碑傳播。

三、能力

　　一個領導者必須要有真正的能力，你一開口就會讓別人覺得：「哇！你實在太有料了！」巴不得跟在你身邊學習，想要進來團隊跟著一起進步。當你真有本事，就能讓人才跟著你，甚至主動打電話給你，探詢有沒有加入的機會。

四、團隊

俗話說：「強將手下無弱兵。」要證明你的能力強，除了個人狀態之外，「團隊」更是你最有力的佐證。當你的團隊裡有很多成功見證，業績不斷向上攀升，任何人看了都會心動，誰不想待在一個有發展性的地方？

這四個條件，就像汽車的四個輪子一樣，如果一輛汽車少了一個輪子，開起來會不太順暢；少了兩個輪子，就會開始左右搖擺；少了三個輪子，準備停在路邊了吧！

這些條件不是永遠靜止不動的，你如果都具備了，務必隨時檢查輪子有沒有漏氣，甚至有沒有少了；你如果只具備其中一些，那就要擬定作戰計畫，在接下來最短三個月、最長半年的時間裡，把這四個條件補齊。

當你的收入不夠漂亮，立刻自己去親推，創造迷人的收入。

當你發現故事不夠精采,這個月立刻設定一個目標,不管個人的或團隊的,想盡辦法去達成。

感覺能力不足,立刻跟全臺灣、全世界最好的人學習。

當團隊不夠好,立刻找老師、請顧問,把設定目標與達成目標的文化移植進來。

你只要一補齊這些條件,就會發現人才開始一個一個、一批一批進來團隊,當人才越多的時候,恭喜你,即將成為 NO.1 的團隊!

🤜 願景領導

做業務也好,發展組織也好,「錢」通常是吸引人才的第一步。誰都想給家人過更好的生活,這個無可厚非,不過接下來,「願景」才是凝聚爆發力的關鍵!它讓夥伴明白所做事情

的意義與價值，一起前往看得見、摸得到的未來。

世界級的企業家都具備這樣的能力，比方阿里巴巴的馬雲說：「要讓全世界沒有難做的生意。」所以全力發展電子商務平臺，不會網路技術、沒有物流商的小店家，也能透過他們跟全世界進行銷售。

許多年前，當比爾・蓋茲在微軟的時候說，要讓全世界都用微軟的產品；許多年後，新一代的網路霸主Google說要「to organize the world's information」，整合全世界的資訊，哇！這是多大的願景，背後需要多少資金、設備、人才！但是，他們做到了。

「佳興成長營」有一個願景：**我們要提升全華人的競爭力。**

所以，我們全臺灣、全亞洲巡迴辦理課程，盡自己最大能力來幫助學員。剛開始，可能 500 人，然後 1000 人，再來透過一對一諮詢、團隊訓練、企業包班⋯⋯，一步一腳印，每天

都在實現我們的願景。

當一個學員因為參與課程而改變，願意主動舉起手來分享，我們的願景就發生了力量；當一個學員因為加入諮詢，目標達成了、收入提升了，開始有能力去照顧他的家人了，我們的願景就產生了意義。很多人問我，為什麼成長營裡每個人都這麼有活力，原因就在這裡，所投入的有回報，能實際幫助到人，大家都快樂。

領導人的重要，不僅在帶領達成目標，讓夥伴們賺到錢，還要不斷思考怎麼為團隊「創造價值」，我們每天工作的意義在哪裡？要往哪裡去？還有沒有可能服務更多人？透過對的理念，會吸引更多志同道合的夥伴，願意與你一起打拚。

分享一個蘋果創辦人賈伯斯（Steve Jobs）的小故事，更能了解願景領導怎麼讓小公司也能吸引到大企業的高階主管來效力：

　　1983 年，蘋果電腦還只是一家普通規模的公司，然而賈伯斯已經預見如果要成為一流企業，必須先吸引大企業的人才。當時他心中的人選是百事可樂的事業開發部長約翰‧史考利（John Sculley）。史考利曾以 38 歲年齡就當上高階職位不說，上任隔年就打敗死對頭可口可樂，被認為是接任董事長的黑馬人選。

　　如果你是史考利，一邊是世界級飲料公司董事長，一邊是普通規模、產品使用率遠不及微軟的電腦公司。你會選擇哪邊？

　　沒想到賈伯斯對史考利說：「你下半輩子想繼續賣糖水，還是和我一起改變世界？」兩句就讓史考利跳槽。

　　這段話如今在《維基百科》留下紀錄，原文是這樣的：「Do you want to sell sugared water for the rest of your life? Or do you want to come with me and change the world?」

要吸引一流人才，自己的理念、願景也要一流。而你的願景是什麼？

✊ 臺灣巨富 蔡崇信的故事

這一章談了很多領導人的特質，我想分別從臺灣、大陸、日本的巨富領導者深談幾個例子。

說到臺灣巨富，又姓蔡，一般會想到國泰與富邦的蔡家。然而「蔡崇信」這個名字，要不是財經媒體報導，可能很少人知道他的厲害。

記得前面說過賈伯斯與史考利的故事嗎？蔡崇信與阿里巴巴的馬雲也有同樣過招的經驗，卻更曲折奇妙。蔡崇信35歲時，已經是歐洲最大投信公司的副總裁，當時奉派到中國大陸尋找新的投資目標，他經人介紹，遇到了馬雲。

　　1999 年，阿里巴巴還在草創階段，沒人沒資金，連合夥人加一加才 18 人，戲稱「十八羅漢」，成天窩在不起眼的公寓二樓小空間裡談策略、搞網路，環境老舊，空氣裡還飄著酸味。這樣的公司在中國不知道有多少，哪天說收就收也沒什麼意外。沒想到，蔡崇信發現馬雲談到網路創業的時候，眼睛會發亮，見解又非常獨到，他覺得這個人很不一樣。

　　於是，蔡崇信主動跟馬雲說：「馬雲，我把一年人民幣 400 萬的年薪（約合新臺幣 2,000 萬）放掉，來加入阿里巴巴，你覺得怎麼樣？」

　　馬雲回他：「你開玩笑吧！我們怎麼請得起你？」

　　蔡崇信說沒關係，他看的是未來，看馬雲能給多少。結果，你猜多少？

　　答案是月薪人民幣 40 元，合新臺幣 2,000 元，比 22K 少一個 2，是 2K 啊！

一個一年就能買賓利（Bentley）汽車的跨國企業高階主管，忽然只能拿比打工族還低的薪水，是一場多大的豪賭！然而，他願意這麼做的原因，正是他看見了馬雲有巨大商機、可實現的願景。

　　加入阿里巴巴團隊後，蔡崇信既有的專業與人脈，發揮了舉足輕重的功能。他先向外資圈募到一筆資金，讓阿里巴巴度過 2000 年的網路泡沫後，隨即向臺灣蔡家、辜家募資；接著居中牽線，讓馬雲與日本軟體銀行創辦人孫正義會面，協助阿里巴巴擁有充沛銀彈提供發展，再一舉攻向股票上市。

　　阿里巴巴上市成功，當年月領 2K 的蔡崇信，資產瞬間跳級到新臺幣 1,700 億元，甚至一度超過了郭台銘。

　　這個故事的特別之處在於，不是小公司的馬雲去說服大公司的蔡崇信，而是蔡崇信願意主動加入馬雲。這件事情我們可以從幾個角度解讀：

1. 如果你是「有料」的人，到哪裡都有貴人相助；

2. 在專業領域做到最好，資源隨時掌握在自己手上；

3. 做選擇之前，務必再三評估；做了選擇以後，要一心一意；

4. 有眼光、有勇氣、有行動、有堅持，財富自然來；

5. 有清晰願景的領導人，加上待人以誠，能讓比他更高的人來效力。

　　身為領導人的你，對事業有馬雲的強烈信心嗎？身為工作者的你，對於自己的專業有蔡崇信的深度把握嗎？

　　接下來，我們來看馬雲。

 ## 中國巨富 馬雲的故事

　　在阿里巴巴上市成功，全球媒體瘋狂報導之前，我已經注意馬雲十年。

　　那時候，阿里巴巴還是個只有 18 個人的小公司，所以並

不是因為網路平臺才注意，而是他的「演說功力」。任何場合，他只要一拿起麥克風，就有辦法侃侃而談，讓聽眾聽得入迷。

分享一些我認為他會成功的幾個關鍵：

一、不怕失敗

阿里巴巴並不是馬雲開的第一家公司。他最早要登記網路公司的時候，中國大陸當局並不開放，沒有這個項目，他改跑去美國登記，申請成功了，公司卻沒做起來；然後再開一家，又失敗。一直到創建電子商務平臺阿里巴巴，匯聚了人才、技術與資金，加上他自己不斷到處宣傳網路即將取代實體通路，改變全世界的想法，熬了很多年才終於成功。

他說自己以後退休要寫一本《阿里巴巴的一千零一次失敗》，在過程中，儘管挫折無數，他堅信網路的信念卻始終不曾動搖，在不確定眼前道路是不是能走下去的時候，他用一次又一次的行動去把活路踩出來。

快速失敗，快速累積經驗，就越快找出成功的路徑。

二、願景鮮明

正如前面所說，馬雲講到網路是趨勢、是可實現的未來，眼睛是會發亮的，正因為打心底相信，等於是一種「信仰」了，所以當他拿起麥克風，對內部員工、對投資人、對媒體所講的，自然有一股魅力，讓人願意跟著他一起前進。

當公司做出規模以後，更證明他講的是對的，於是吸引更多人才加入，如此這樣不斷滾動，將阿里巴巴帶到全中國最大，達到 80% 的電子商務市占率，無論會員數、Pageview、營業額……等所有經營數據，都是十億、百億為單位計算！

三、整合人才

相較於有些領導者要求部屬個個要十項全能，馬雲更擅長整合各種不同專業人才，把他們放到對的位置上，彼此截長補短，就能發揮最高綜效。他一再強調，阿里巴巴沒有天才，大家都是平凡人。先不論他是不是說的謙虛，身為領導人，知人善任是非常重要的特質。

21 世紀的競爭，是人才的競爭，用對人、做對事，自然能滾動正向的磁場，吸引更多人才來加入你的團隊。

✊ 日本巨富 孫正義的故事

孫正義，是我最欣賞的人物之一。查詢維基百科，大概可以得到這些訊息：

- 1957 年 8 月 11 日，生於日本佐賀縣鳥栖市，為韓裔第三代；
- 「軟體銀行」的創辦人兼社長；
- 據《富比士》雜誌報導，他在 2011 年擁有 81 億美金淨資產，名列日本富豪榜第二位；
- 曾在 1990 年代網際網路泡沫的雅虎估價最高時，超過比爾 · 蓋茲，成為一天世界首富；
- 依靠軟銀數次對阿里巴巴集團的控股與投資回報，成為日本首富；
- 截至 2016 年 6 月，淨資產達 170 億美金。

這些條列當然很偉大，不過我真正讚賞的，是他以獨到眼光與勇氣，不斷獲取的故事。

他 19 歲的時候到美國留學，發明了全世界第一臺翻譯機，然後以 100 萬美金的權利金賣掉。21 歲回到日本，什麼事情都不做，花了一年半時間讀了 4000 本書，研究了 40 種產業，最後得出一個結論：網路業。

23 歲，他就創辦了日本軟體銀行，站在肥皂箱上告訴僅有的兩位員工：

20 年內，我們的股票會上市！

30 年內，我們會邁向國際！

40 年內，我們會成為世界第一名！

50 年內，我們會改變這個世界！

講完以後，隔天兩位員工立馬辭職。因為他們覺得老闆瘋了，這家公司要完蛋了，不能待啦！

35 年過去，當初那兩位員工可能會後悔，公司不但沒倒，還發展成世界級的企業，孫正義在 23 歲所說每 10 年要達到的里程碑，全部按時間一一實現！

　　歸納起來，他之所以能讓願景成真，靠的就是格局、眼光、膽識、行動、耐心這五項，以下是他兩場著名的戰役：

1. YAHOO!

　　YAHOO! 創立初期，創辦人楊致遠團隊裡只有 5 個人，做得很辛苦，網路圈沒什麼人看好，創投界就更不用說。孫正義偏偏看好他們，要多少給多少，前前後後投資 1 億美金進去，8 年後，YAHOO! 紅了，1 億美金變成 200 億美金，賺得盆滿缽滿。

2. 阿里巴巴

　　幾年之後，歷史重演，這回主角換成馬雲。

　　當時馬雲到處找人投資阿里巴巴，幾乎沒人理他，唯有孫正義只談了 5 分鐘，認為馬雲「有動物的本性」，很快就決定

了。結果，投 2,000 萬美金變成 500 多億美金，獲利超過 2500
倍，連股神巴菲特都比不上。

孫正義這類投資案在全世界至少有 1000 個。他相信網路
的力量，並且透過獨到的眼光去辨識人才，進而實現願景，使
財富以百倍、千倍增值，我看好這個人不但會是日本首富，有
一天還會是世界首富！

每天實現一點夢想

談了領導人的特質，看了巨富的成功故事，最後，我想請
你回頭思索，夢想是什麼？

我們的夢想是會隨年齡變動的，比方男生小時候會想要變
形金剛拿去炫耀，女生想要芭比娃娃，每天和朋友一起幫她編
頭髮、換衣服。長大一點，會想得到爸爸、媽媽或爺爺、奶奶
的肯定。

我記得自己在學生時代很愛打桌球，曾做過校隊隊長，那時候的夢想就是以後不管做什麼工作，只要晚上可以打桌球就心滿意足了；出了社會工作幾年，接觸業務工作後，夢想成為 NO.1。從有球打就好，到企圖衝上第一名。環境不同，關注的焦點不同，想要追求的也會不同。

　　然而，能夠活著追求夢想是一件幸福的事，有的人已經放棄了夢想，甚至有的人沒辦法實現了。2014 年高雄氣爆的時候，我們有位學員東穎，不幸在事故中離開這個世界。東穎是位很棒的年輕人，從事不動產工作，時常晚上 11 點多了還在外面貼海報，非常認真做業績，希望多賺點錢讓媽媽過更好的生活，哪知道一聲巨響，帶走了他才 29 歲的生命。

　　有句話說：「你永遠不知道，明天和意外哪個先到。」所以，請珍惜你所擁有的時間，尋找夢想、實現夢想，創造精采的生命！

　　股神巴菲特說：「全世界最值得投資的一檔股票，就是你

的夢想！」

我希望無論是已經成為領導人或者期待有一天成為領導人的你，永遠記得讓夢想作為驅策你前進的動力，同時，帶著你的夥伴一起實現夢想！

活著，就是要改變世界

我很欣賞幾個世界級的企業家，不只因為財富，更因為他們改變了世界，例如微軟的比爾．蓋茲、蘋果的賈伯斯，還有特斯拉（Tesla）汽車的執行長伊隆．馬斯克（Elon Musk），我認為他是下一個在未來 10 年、20 年，徹底改變世界的人。

馬斯克在 20 幾歲的時候，跟人合夥創辦了線上付費機制「PayPal」，然後賣給 eBay，拿到 1.75 億美金，接近新臺幣 50 億！換做是你我，可能滿腦子想要去環遊世界、吃米其林

餐廳、住頂級飯店、搭豪華郵輪⋯⋯，可是馬斯克這個怪咖，把錢拿去投資火箭，不是中秋節放的火箭喔！是真的飛上太空的火箭！

事情還沒完，他投資火箭後兩年，覺得現在的汽車吃油，在未來會碰到能源危機，便跳過油電車，著手開發純電動車，而且直上純電動「跑車」。這個概念剛丟出來的時候，被當成是幻想，沒想到如今在全世界銷售超乎預期，誰能預料到一家以電腦和電池為基礎的公司，僅僅用十年左右的時間，打掛一堆做了幾十年的傳統車廠？

同時投資火箭和電動車這兩項不知哪天才看得到產品的事業，燒錢程度遠非一般人能想像，家裡有金山、銀山也撐不住，財務人員曾經提醒馬斯克資金快不夠了，是不是還要繼續下去？或者縮減規模，還是選一個留下來⋯⋯，他只回了：「沒有錯！這兩項都要再繼續做！」

因為他渴望要為地球做點事，堅持讓夢想成真。

　　再後來的故事所有人都知道了，特斯拉成功上市，資金不成問題；火箭也完成試飛，成功登上月球，開啟了太空私營化的新時代。

　　美國房地產富豪、新上任的美國總統唐納 · 川普（Donald Trump）說：「反正夢想不花錢，不如盡情享受做大夢吧！」（It does not cost anything to dream. Spend your time enjoying your big dreams.）

　　要夢，就夢大一點！改變世界真的遙不可及嗎？找到你主力對象是哪個族群，盡全力服務到最好，讓這群人因為有你而變得不一樣，你已經成功踏出第一步了。

04

達成目標的能力

生命中最寶貴的能力，就是「設定目標、達成目標」。

「成功等於目標，其他都是這句話的註解。」世界級成功學大師博恩 · 崔西（Brian Tracy）的這句話一直影響著我，也就是說，如果一個人想要成功，但是他卻不設定目標、達成目標，那根本就不可能成功。

國內的培訓機構很多，但是卻沒有任何一家培訓機構把「設定目標、達成目標」當做主軸，於是我決定成立「佳興成長營」，專門教人如何「設定目標、達成目標」。

夢想＝目標＋時間 × 決心

一旦體會了這一點，未來做任何事情都可以在時間內完成，順利達成目標，進而讓你的任何夢想都能夠實現。

這一章節，我們來分享「設定目標、達成目標」這項生命中最寶貴的能力。

設定目標 = 具體承諾

我碰過許多業務員並不明白業績做不好的根源，是對「設定目標」有誤解。

設定目標很難嗎？不就是放個數字上去，然後……然後看著它時常達不到，接著領不到獎金，再下來開始怪東怪西，覺得目標太高、資源太少、主管不公平、同事都踩我的線……

讓我們暫時回到國小時候。假設你的目標是要成為全班第一名，你每天該做什麼事？大致來說，事前預習、上課認真聽、下課以後複習，加上認真做習題，這些應該都少不了。每天的作息要穩定，多少時間讀書、多少時間運動休閒，也要納入考量。

假設全班第一名不能滿足你，你想當全校第一名、全市第一名乃至全國第一名，那麼更要讓自己「沒有死角」！要知道進入高競爭環境，大家比的不是誰更厲害，而是誰更穩定，這

時候訓練做題目的目標不只正確而已，還要快；不只快，還要假想在各種太熱、太冷、身體不舒服等等情境下，依然正常發揮。說到這裡，不難發現這跟職業運動選手的自我訓練是一樣的。

一般人練三分線投籃，四成命中率已經算很高了，而職業運動員的高標其實也差不多四成，只不過是在壓迫防守的前提下達成這個數字。請問這兩者在訓練時的強度會一樣嗎？

回到最前面說的「誤解」。設定目標並不是把數字壓上去就好，更重要的是你「要去哪裡」以及「怎麼去」。經過我的重新翻譯，很多人才明白目標真正的意義是「對自己的承諾」。

一個人對自己有承諾，就會想盡辦法做到，不再每天眼睛張開，不知道要往哪裡去，成天渾渾噩噩，弄到後面，只好跟一群同樣的人取暖，今天窩這家咖啡店八卦，明天換那家泡沫紅茶打牌。再不然就是一直瞎忙，常弄到很晚、很累，卻沒有業績。

最後，舉兩個生活上的例子，讓大家更容易理解。

甲說：「我要減重。」

乙說：「我要減重 10 公斤。」

丙說：「我要在三個月內減重 10 公斤，把三年前的牛仔褲穿回來。」

請問誰的承諾最具體？誰的動力比較強？

甲說：「我要賺大錢。」

乙說：「我要賺 300 萬。」

丙說：「我到今年聖誕節前要賺 300 萬，帶全家去歐洲玩一個月。」

請問誰的承諾最具體？誰的動力比較強？

達成目標的關鍵之一：人脈

　　講人脈之前，我想先談「槓桿」。對！就是阿基米德曾說「給我一個支點，我可以舉起整個地球」的槓桿。人脈，就是業務員最好用的槓桿，也可以說是舉起更多財富的槓桿。

　　槓桿之所以好用，在於四兩可以撥千斤，你不必像超人一樣成天飛來飛去什麼都要會，照樣能夠達成目標。關於人脈與自身能力之間的關係，我聽過幾種說法：

　　有本財經雜誌提到，一個人要成功，人脈和自身能力各占50%。意思是就算發揮個人能力到極限，也只有 50 分，不及格啊！

　　後來我去參加一個大師的課程，他說這個比例應該是70%：30%，意思是就算發揮個人能力到極限，也只有 30 分，更慘。

又過了一陣子，我讀到美國史丹佛大學的報導，他們研究財星 500 大企業總裁的結果是 87.5%：12.5%，意思是個人能力不過只占他們成功的一小角。怎麼會這樣？他們年收入動不動千萬到上億美金，搭直升機、玩遊艇，能力有這麼低嗎？

財星 500 大企業總裁的個人能力絕對沒問題，卻更懂得「站在巨人的肩膀上」借力使力，讓槓桿力量倍增再倍增。所謂巨人不只一個，而是在各個領域都有認識傑出的人脈，形成彼此都站在「巨人群」上在做事業啊！

我以前一直靠自己單打獨鬥，認為埋頭苦幹衝衝衝就對了，結果三次創業全部失敗，直到開始從事三份業務工作之後，懂得發揮自身能力同時善用人脈，靠更多的資源整合，才有辦法更快速得到理想中的結果。每個人每天同樣 24 小時，再怎樣不眠不休，可以用的時間也有限。同樣道理，其他資源也是，但如果你懂得運用人脈，這些資源就可以無限延伸，變成協助你的力量。

所謂人脈，不只是換名片而已，可以用這兩種方式經營：

一、從不認識變認識

有人問趨勢大師大前研一，為什麼總是可以走在全球經濟潮流前端很多年，是不是讀很多書、上很多課？他回答，讓他掌握趨勢的真正關鍵在於直接跟全世界最頂尖的人一起互動，從他們身上學習 Know How，才是最有效率的方式。

讀書、上課都有用沒錯，但從時效的角度來看，都已經是過去式了，跟人直接互動，學到的最即時又最深刻。

如果你還沒有建立像大前研一那樣的頂尖人脈圈怎麼辦？我的建議是「由間接變直接」。舉例來說，透過網路的速度就要比閱讀更快，現在 YouTube 上很多影片，看演講、看訪問都是做第一步學習的好工具。

接下來，從其中找欣賞的老師或名人的課去上，或者參加有他主講的活動，就有機會和他見到面，甚至直接互動。有時

候對方不經意的一句話，可能就讓你卡關多年的問題，瞬間得到解決。

二、從認識到增加互動

你有沒有認識各行各業的朋友？他們在那個行業裡有沒有做到一個程度以上？如果有，找機會請他幫忙或找他請教，讓你們的交情保持一個「溫度」，不僅僅限於 FB 按讚、發 LINE 訊息而已。舉例來說，就算沒打官司，照樣可以找機會向律師朋友請教法律知識；就算沒有要住院，照樣可以找機會向醫生朋友請教健康問題，或許哪天真的碰上，很快可以派上用場。有周杰倫演唱會、有國際大師來臺演講，找媒體界的朋友幫你弄票，大家再相約一起去聽，感覺是不是很不一樣？

同樣的，做業務有時候競賽要衝業績，有可能在最後一天只要有一個大顧客支持，你就跳第一名了。這樣的顧客不會憑空冒出來，平時就要培養關係。

世界第一名人際關係大師哈維 · 麥凱（Harvey Mackay）

被稱作「萬能先生」（Mr. Make Things Happen），意思是任何事情只要到他手上，都有辦法在很短時間內完成。他當然沒有三頭六臂，也不會變魔術，靠的正是既龐大又深刻的人脈圈子，大家都願意幫他，而他也樂於回饋給別人，形成一種互助網絡。

你呢？還在單打獨鬥嗎？試著撥出多一點時間經營人脈關係，會逐漸發現「槓桿」的奧妙之處：

勞苦變少了，收入變多了。

 ## 達成目標的關鍵之二：時間

老天爺給每個人最公平的禮物就是時間，每天有 24 小時，86400 秒，任何人都一樣。

一個月收入 2 萬、20 萬和 200 萬的差別就是時間，你的

時間用在哪裡，成就就在哪裡。

　　頂尖人物及超級成功者，每分每秒都在做最有生產力的事。沒有不合理的夢想，只有不合理的時間，所謂的「達成目標」，就是在時間內完成一件事情。

　　所以要訓練自己對時間的敏感度，檢視自己每天都在做什麼，時間用在哪裡，你的時間應該拿來拜訪客戶、訓練基本功，跟團隊夥伴聚在一起，享受每一刻的幸福。當你善用每一分、每一秒，你的夢想實現的機會就會大幅度提升。

達成目標的關鍵之三：行動

　　我觀察了以往和我一起去參加世界級大師課程的同學們，有些人確實因此脫胎換骨，業績大幅成長，過著名利雙收、令人羨慕的生活。然而另一些卻好像和原來差不多，怎麼會這樣呢？明明是同一個老師講一樣的內容，抄的筆記也一樣，為什

麼結果有這麼大的落差？

後來我才明白，學到觀念只是第一步，真正要發生改變，關鍵在「行為」。你聽了、學了以後採取什麼行動，有沒有去嘗試做做看？有沒有反覆操練，讓觀念變成反射動作，甚至變成核心能力？

這就好比你向投資高手學習他如何致富的方法，結果回去連銀行戶頭都沒開，連投資個 1,000 元都不願意，是要怎麼變有錢呢？做了沒效果，最多損失跑去開戶的一點點時間和 1,000 元；做了有效果，1,000 元可能變 1,000 萬，兩相比較之下，行動的風險低、報酬率高，比不行動划算多了。更別提學習做業績的方法，很多只是改變心態、改變說話技巧、改變工作慣性，連開戶放 1,000 元都不用，為什麼不立刻採取行動？

從以前開始，我不管學到什麼一定立刻行動，不斷在市場上驗證老師說的和我做的有沒有差距？哪裡需要修改？怎樣可以更好？這些行動確實改變了我的生命，所以我常說：「**聰明**

與才智，取決於你的行動！」也常宣揚「馬上行動，馬上成功」
的理念。

世界第一名潛能大師安東尼・羅賓說：「成功的祕訣，
是在最短的時間內，採取最大量的行動！」他知道只有行動，
而且要大量行動，才能真正改變命運。

各位朋友，你的目標是什麼？你的夢想是什麼？如何去完
成它呢？答案很簡單，兩個字：行動。實際去做，就會「得到」
以及「學到」，這兩種結果對你來說都是賺到。從現在開始，
立刻把「等一下」三個字從腦海裡刪除，改成「馬上行動」。

馬上行動，馬上成功！

達成目標的關鍵之四：潛意識

在電視、電影裡看過冰山嗎？當我們讚嘆水面上的冰山如

此巨大的時候，看到不過它的一小角，水面下還有更龐大的體積沒有被看見。這就是意識與潛意識的比例關係。

很多研究結果顯示，人類大腦只開發了 5%，另外 95% 都是還沒有開發的。那 95% 就是潛意識，而潛意識的力量，是意識的三萬倍！它甚至引領如今你的狀態好壞，包括生活、事業、情緒、滿足感……等等。想像一下，如果一個人懂得運用潛意識的力量，是不是會激發出原來沒發現的潛能？

潛意識就像大腦裡的一套系統，和電腦一樣，安裝什麼軟體、輸入什麼資料，它就跑什麼結果給你。潛意識就是從小到大，腦中所設定的那些價值觀與信念的總和，你怎麼想、怎麼看、怎麼做，都是潛意識在操控。所以，你會發現同樣一件事情在不同人眼裡，會看出不一樣的觀點；從不同人嘴裡說出來，會呈現落差很大的面向。有的人碰到什麼壞事，永遠都能找出機會點；有的人明明一手好牌，他也能感到不夠完美而悲觀。

回想一下，在你的生命當中，有好多事情不斷累積堆疊，

舉例來說，比方像從小到大，父母親做過了哪些事情？跟你講過了哪些話？或是有哪些重大事項讓你特別開心或痛苦？在那一個當下，你又是怎麼看、怎麼想的？

又比方有沒有什麼人影響你特別深刻？親戚長輩、初戀情人、老師、好友……跟你說過的話，還有你聽了以後怎麼跟自己對話，都變成了潛意識的來源。

這些「凡走過必留下痕跡」的人、事、物，塑造了今天的你。

有的人平常對客戶銷售講解產品很強，但是一要他上臺就卡住，講得結結巴巴、結構混亂，有時候不單純是演說能力的問題，真正原因搞不好出在他小時候曾經在教室講臺上玩球打破旁邊的窗戶玻璃，被老師處罰過，長大以後只要一上臺，潛意識自動跟被處罰的經驗連結，不自覺就表現一塌胡塗。

如果沒有挖掘根源，以為稿子沒背熟，回去花再多時間猛

背都沒用。假若懂得運用潛意識，不只可以發現問題源頭，還可以重新導向正面經驗，例如那位老師其實平常很疼你，讓你對上臺印象從恐懼變成喜歡，瞬間就破解多年來的障礙。一個對個人講解產品很強的業務，又能上臺對群眾公開演講，是不是如虎添翼？

潛意識是宇宙最偉大的力量，當你掌握以後，就擁有了自動達成目標的神奇能力。

✊ 達成目標的關鍵之五：決心

會騎腳踏車嗎？會的請繼續往下看，不會的請想一下你會的一項能力。

再想一下，世界上有誰生下來就會騎腳踏車？騎車這件事在旁邊看好像很簡單，等到自己做了才知道很難。而且就算會騎有輔助輪的，拿掉以後回歸兩輪，會驚訝純粹靠自己平衡沒

有想像中輕鬆。一次又一次跌倒再爬起來，膝蓋、手上擦傷一片又一片，好不容易才搖搖晃晃勉強抓到平衡感，從慢慢騎到正常騎再到敢放雙手，再來越玩膽子越大，從家門口公園騎到同學家，然後越騎越遠，直到有一天也跟人家騎車環島……

只憑樂趣就能做到這樣嗎？再想一想，過程中，心裡是不是有一種不服輸的「決心」？我就不相信學不會，不相信做不到！有這股決心，做什麼都一定成；反過來說，做事情只靠起初的一點新鮮感而沒有決心，很容易只有三分鐘熱度，淺淺接觸一下子就停滯不前了。

「決心」這兩個字筆畫很少，效用卻很驚人，幾乎可以說一通百通，學開車、學跳舞、做事業、經營人脈……，就算不是天才，照樣能成就一片天地。

蔡依林剛出道的時候，沒有舞蹈基礎也沒有天分，時常同手同腳，老師認為她完全不是這塊料，唱片公司老闆看了她的第一次訓練成果，猶豫要不要讓她在臺上跳舞，還是單純唱歌

就好？但是蔡依林說：「我不能忍受還沒學好就放棄。」憑著決心苦練再苦練，練到能劈腿不稀奇，還練到能在演唱會上現場秀舞技，讓觀眾認同她是「舞臺明星」，而不再是靠著歌唱比賽出道的高中生。

決心背後，需要不服輸、不滿足，想要突破自我，相信自己一定做得到。

常聽到周邊朋友、同事說想要過怎麼樣的生活，包括我們自己也是，年收入要增加 5 倍、10 倍，要給家人更好的生活，要換更舒服的房子，要開豪華跑車……什麼都要，就是沒看到實現。為什麼？決心還不夠強！

這個世界運作的法則是這樣的：沒有決心的人，會跟著有決心的人走；沒有目標的人，會跟著有目標的人走。如果你還停留在幻想階段，要好好思考自己想成為什麼樣的人。

「行動」讓你從 0 到 1，踏上達成目標之路；「決心」讓

你從 1 到 100，真實達成目標，享受成果。

　　決心會啟動強大的自己，決心可以讓你寫下程式，輸入潛意識，成為一位強大的自己。

✊ 時間管理決定目標達成

　　看過 101 大樓的跨年煙火秀嗎？聲光效果十足，超美的，加上群眾守在現場一起倒數的氣氛，更是讓人感到濃濃的跨年味⋯⋯

　　十、九、八、七、六、五、四、三、二、一！

　　結果沒有煙火出來，一個都沒有！所有電視臺的轉播人員都傻眼了，現場群眾議論紛紛發生什麼事了，全臺灣電視機前的觀眾都以為電視壞了，有人準備開香檳慶祝的，瓶塞拔到一半忽然不知道要繼續拔還是塞回去。

各位朋友，你覺得這種事可能發生嗎？那麼請回想一下，你每年為自己立下的目標、設下的夢想，都有準時「放煙火」嗎？

　　220 秒的 101 煙火秀，幕後準備工作時間長達 10 個月，要策畫今年的主題、特色，怎樣可以求新、求變，和去年不同？要尋找哪些藝術家一起合作？有沒有新的技術可以應用？經費方面要找哪些企業贊助？而他們會關心什麼？又要備妥哪些企畫案好讓他們評估……。動員一切人力、物力、財力，為的就是在倒數計時喊到「一」的下一秒，煙火可以準時爆射出來。如果做不到準時，設計再美都沒用，因為這是跨年煙火秀啊！

　　同樣道理，我們設定的目標是有時間性的，從每年的大目標，拆分下來到每季、每月、每周、甚至每天，「準時」是關鍵中的關鍵。為了準時，背後需要像準備煙火秀這樣環環相扣：

・年度大目標訂出來以後，有沒有跟著畫出藍圖？
・年、月、周的重點在哪裡？

- 手邊既有的資源有哪些？還欠缺哪些？要去哪裡補充？
- 能力方面，要透過哪些管道增強？
- 制度有沒有跟上新的計畫？

　　《富爸爸，窮爸爸》作者羅勃特・清崎說，世界上有三種人：成功的人，想辦法達標；普通的人，看緣分達標；失敗的人，沒聽過達標。（There are those who make things happen, there are those who watch things happen and there are those who say "what happened?"）

　　你是哪一種？

✊ 往上找強對手，往下練基本功

　　我很喜歡運動，也時常關注運動員的故事，從裡面學到非常多寶貴的觀念。

有一位運動選手堪稱臺灣之光，不只曾經登上世界第一，還被《時代》雜誌選為「年度全球百大最有影響力」人物。哇！誰啊？

答案是：曾雅妮。

曾雅妮學球的經歷非常特別，三、四歲左右就開始接觸高爾夫球，到了五、六歲，她的父母親找了臺灣青少年組冠軍來跟她 PK。十歲，小學三年級，家裡找來成年國手跟她 PK；等到差不多國三，十四、五歲，父母送她到美國，跟來自全世界的頂尖好手 PK。

我們常說要培養實力，然而培養實力最好、最快的方法，就是找比自己更強的對手，讓對手帶領你跳級再跳級。你的實力，來自競爭對手！老把自己和一般人比較的，就會成為一般人；將自己和頂尖相比的，就會成為一流人物。

到美國三年後，曾雅妮 18 歲開始參加 LPGA 的比賽，隔

年，以 19 歲的年紀打到世界第二名。然而，就在所有人期待眼光裡，她 20 歲的時候不但沒衝上冠軍，世界排名反而瞬間跌落到第 105 名，令人不禁好奇到底發生什麼事？

原因出在她太想成功了。

早在 14 歲的時候，她就在壁報紙上畫了大大的冠軍盃，上面寫著「世界冠軍曾雅妮」，目標非常明確，這股強烈企圖心也一路將她推上世界排名第二。但很多事情太過頭反而容易產生反效果，過度追求成功，使她打起球來患得患失，怎麼打都不順手，有時候一開球就偏掉，有時候把球打到池塘裡，有時候很近的推桿也推歪，要多打好幾桿才進洞……。從幾桿打不好變成幾場打不好，再變成一整季都打不好，整個人迷失了方向。

直到後來她遇到了教練，同時也是前世界球后索倫斯坦，告訴她想成為世界冠軍是非常好的目標，不過有目標還不夠。她帶著曾雅妮畫了一個九宮格，把「自己」放在中間格子裡，

然後想想看要達到這個目標，需要哪些基本功來協助？把它們一個一個填在四周的格子，接著再根據格子裡的項目一項一項操練。

沒多久，她的成績開始回升，從幾桿打得好變成幾場打得好，再變成一整季都打得好。到了 22 歲的時候，距離跌落谷底才兩年，就登上世界排名第一，成為高爾夫球史上第六位世界球后！

職業運動的世界和職場一樣，沒有僥倖，要每一次都達成目標，關鍵還是回到基本功。現在，請你拿出一張紙，畫上九宮格，把「自己」放在中間格子裡，然後想想在你的專業領域，需要具備哪些能力，才能讓你成為第一？如果想不出來，可以分析一下你行業裡最頂尖的人，有哪些共通點？

完成九宮格以後，開始每天練習，像曾雅妮每天揮桿，要練到出神入化，你的成績和年收入，絕對會從平凡變超凡！

檢視目標，學抓寶

2016 年「寶可夢」一推出，立刻衝上全世界 APP 下載量冠軍，臺灣也不例外，新聞三天兩頭就報哪裡有寶引來一大群人去抓，不明白狀況的人看到，以為要發生群眾暴動。

抓寶的人不是到定點才打開手機，而是隨時隨地都得盯著畫面，走路也看，騎車的、開車的停個紅燈也看，他可能不一定有在聽旁邊的朋友講話，卻一定全神貫注算計要去附近哪裡抓寶。

我記得安東尼‧羅賓講過一件事情：「今天你設定了一個目標，從年初設定，到年底才來看，那麼這個目標幾乎是不會達成的！」

如果你是從一月分設定目標的，每個「月」檢視一次，一年將有 12 次機會調整執行方法；如果改成每「天」檢視，一年就有 365 次機會來調整，那麼它達成的機率會大幅提升；如

果「每天早晚」各檢視一次的話，變成一年有730次機會調整，比原來一個月才看一次，足足多了60倍機會！達成目標的可能性，是不是又得到更進一步確保呢？

如果能做到像抓寶那樣一天看好幾回，隨時注意哪裡有資源，隨時採取行動去進攻，這個目標想做不到都難。

為什麼要時時關注目標？

因為只有盯著你的目標看，持續不斷的檢視它，激發思考還可以怎麼做？還可以怎麼整合資源？盯著你的目標看，你才會掌握重點，觀查到細微的變化，越看越會知道什麼時候該儲備能量，什麼時候該進攻。

舉個例子，假如你是鴻海的郭董，訂了目標以後會放著它不管，到年底才看業績嗎？當然不會。訂了目標以後，通常要抓出重點行事曆，例如什麼時候開法人說明會，向擁有大規模資金的法人報告營運狀況，好讓他們評估是不是要繼續買進我的股票、買多少；什麼時候開股東會，向股東們報告買了我的

股票，今年能不能領到股息、股利，如果領得到，會領多少，還有董監事是不是要改選，人選有誰、改選原因是什麼……等等。

不管開上面哪個會，平常財務周報、月報、季報、年報一律按表操課，還要做去年和今年比較、過去三年總平均和今年比較，弄清楚業績增減原因。然而，單靠研發新產品以及向國際客戶爭取訂單是不夠的，還要留意大趨勢怎麼走，有哪些人已經做出新技術，看到合適對象，就算是對手也要進攻，甚至用併購的比自己來更快，那麼雙方就要盤點資源、協商怎麼合併，以及合併之後人事怎麼布局……

這裡面每一件事都必須不斷盯著目標看，一直思考、一直行動，透過執行、修正、再執行、再修正，逐步往目標邁進。過程就像登山，你在山下抬頭就能看到山頂，但世界上沒有一條幾千公尺長的繩索和一片幾千公尺高的平坦山壁，可以讓你直接爬上去，必須腳踏實地，以微微斜上的角度，每走一段就休息一陣，恢復體力同時，也檢視方向有沒有走對，並且盤點

所帶的用水和糧食還夠不夠。不夠的話，是不是要就地取材，該砍柴的去找木頭，該弄吃的去打獵、摘野菜，該補水的去找水源。所有人齊心合力，為的不只這一次登頂，更在累積下一次登上更高山峰的經驗值。

盯著目標不是要你瞎緊張，它真正的意義是要你練習透過全盤視野，隨時掌握大局。不只達標，更牢牢抓住每一個可能超標的細節！

✊ 每天給自已一個挑戰

現在請你拿起手機，打開計算機功能，輸入 1 + 0.1 再按「＝」，會得到多少？

對，1.1，不用計算機也知道。別急，那 1.1 乘以 1.1 等於多少？要算一下了，1.1 的 2 次方是 1.21。繼續再多按幾次：

1.1 的 10 次方是 2.59，滿小的；

1.1 的 20 次方是 6.73，稍微大一點，但還是滿小的；

1.1 的 50 次方是 117.40，有點不一樣囉！

1.1 的 100 次方是 13780.61，哇！怎麼增加這麼多？

現在不是幫大家複習數學課，而是透過實際數字讓各位感受一下，每天願意讓自己進步「0.1」的感覺是什麼。一個不學習的人，沒有累積，所以今天是「1」，10 天以後是「1」，100 天以後還是「1」；每天只要進步 0.1 的人，到第二天是 1.1，再下來會越滾越大，像銀行存款的複利，就不用加法而要用乘法了，所以隨著時間過去，他的資源會越來越豐富、人生越來越有意思。

上天給人最公平的資源就是「時間」，有的人才跨完年狂歡倒數五、四、三、二、一，怎麼轉眼就聖誕節，剩沒幾天又要跨年了？一年過去沒留下什麼，事業普通、生活普通、家庭普通、朋友普通……，一年前喊的目標或夢想，好像要按下「Reset」重新再來過。

另一種人很有計畫的每天設定一個小目標，給自己一點挑戰，本來不懂財務的，從學一個 Excel 公式開始；本來不會游泳的，去報名游泳班；本來不敢上臺講話的，練習做 PowerPoint 簡報，透過工具來協助他；本來個性保守的，參加拳擊有氧，練健康又練鬥志；不會做菜的，從早餐煎一顆蛋學起；覺得創意不夠的，每個禮拜挑兩天，變換路線回家……。

這些人看起來沒有瞬間脫胎換骨，不過你可以從他們身上感受到用不完的活力，每天進步 0.1，一年過去，多學會好多東西，膽量變大了，見識不一樣了。事業精采、生活精采、家庭精采、朋友精采，一年前喊的目標或夢想，好像要按下「More」，還想再增加。

每次設定目標，你只會得到兩種結果：

第一種，得到你要的結果，那當然是最好的！
第二種，學到你該具備的能力。

有時候學到的比得到的更重要！在設定到執行過程中，因為本來不會，遇到挫折而學會，好比這項能力和你從不認識變成認識，請問這個「朋友」從認識那天起，可以幫助你多久？

答案是：一輩子！

✊ 專注在你的時間分配

在學員最常問我的問題裡面，設定目標沒有達成，算是排前幾名的。通常，我會這樣問：「請問你設定目標以後，整個月都在忙什麼？」

他說：「有些朋友來找我，就……去忙一些事情；有時候家裡有事，就忙一下家裡的事情；有時候我可能自己有一些雜事，就去忙那些雜事。」

我說：「難怪你的目標不會達成啊！因為你沒有把時間用

在最重要的事情上面。」

　　講到時間管理，英文有個句子非常好記，企業家、政治家常掛在嘴邊：「First things first.」第一個 First 是重要，第二個 first 是優先，合起來的意思就是：「重要的事情，優先處理。」

　　那麼，什麼事情是重要的？那些三三兩兩冒出來的零碎瑣事、交際應酬，還是即將影響你事業前途、家人幸福的目標？相信不用講也知道。接下來，時間配置比例要明確，80% 的時間給目標，而且先做，一分鐘都不能拖；給零碎瑣事 20% 時間就可以，放在後面做，甚至晚個幾天也無所謂。

　　我讀過幾百本傳記，每一位成功者都很清楚自己的目標在哪裡，專心一致的朝目標邁進。我跟 26 位世界第一名的大師學習，我跟你保證，每位大師都在講目標。我看了這麼多、知道這麼多、學習這麼多，深深體會「設定目標、達成目標」這項能力對每一個人而言實在是太重要了，所以才不斷提倡這個理念，當你把它練成習慣，只要達成第一個目標，達成第二個、

第三個就沒有原來想的那麼難，再來，很容易把達成目標，變成是一件自動的事情。

你必須設定幾個目標有：

· 家庭的目標；

· 休閒的目標；

· 收入的目標；

· 業績的目標。

俄國大文豪托爾斯泰曾說過：「世上幸福的家庭都是相似的，不幸的家庭卻各有各的不幸。」對比我上面所說綜合目標的觀念，完全一致，因為人生不只有事業，還有健康、家庭、生活、自我實現……，每個項目環環相扣，牽一髮動全身。

在綜合目標之下，你漸漸會過著「全方位成功」的人生，這不是作夢，而是可以並存的。你身邊一定有事業成功、家庭美滿、身體健康又多才多藝的朋友，看看他們，成就絕非偶然。設定清楚目標，把時間投資在達成目標上面，操練成本能反應，我相信你離全方位成功的人生，就會越來越接近了。

生命導航系統

用過「Google Map」路線規畫的功能嗎？走路、騎車、開車、搭車都可以用，只要輸入目的地，它就會自動幫你算好最佳路線。開車時只要開啟導航功能：「前面 30 公尺右轉，接著微靠左行即可上交流道！」相信再路痴的人，也能藉由科技協助，如期到達想去的地方。

仔細想一想，用 Google Map 這件事最關鍵的地方在哪裡？有人說是 Google 開發了這麼厲害的技術，有人說當然是網路啊！沒有網路，再厲害的技術也沒用。我說，是「你有想去的地方」，如果不輸入目的地，有網路、有技術，它也只能空在那裡，好比一個沒有目標的人，就算周邊有資源也白搭，他甚至連「向宇宙下訂單」都不知道怎麼下，老天爺都幫不上忙。

人的腦袋裡，有全世界最先進的電腦，你從小到大看過的書、聽過的演講、上過的課程……都會變成潛意識的一部分，它們是你隨身攜帶的巨大力量，只是必須透過一個方式才能啟

動，否則就和 Google Map 一樣在原地空轉。

啟動方式就是：將你的目標具體化。

從大目標開始，假設是今年要做 1,000 萬業績，那麼每個月要大約 85 萬元，相當於每天約 3 萬元。每天 3 萬元不會從天下掉下來，所以每天要拜訪幾個客戶？哪些是既有的熟客？哪些是陌生開發？除了人際之間轉介紹，有沒有透過網路、電話、社團……認識的人？

不只工作，家庭方面也要有目標，假設今年大目標是要冬天帶全家去日本賞雪泡湯玩 15 天，接下來除了旅費之外，自己工作要怎麼安排？孩子學業怎麼安排？跟團還是自由行……每項都要具體。

當你能清楚看見一年、一個月、一個禮拜到每一天要做什麼的時候，你會發現，突然間有一個 IDEA 自動跳進你的想法裡，或者一項本來沒有的資源，忽然跑出來在那裡，彷彿全世

界都在幫你，像是有個 Google Map 在腦袋裡面，從無數的交通動線當中，告訴你怎麼走路程最短又避開塞車，「咻！咻！咻！」一下子就抵達目的地。

設定目標→具體化目標→下定決心達標所啟動的，正是所有潛能激發大師鑽研的「潛意識三萬倍力量」，每個人身上都具備，你也有！

✊ 你有多想達成目標

每次看「Discovery 頻道」播映獵豹追羚羊的畫面，不管看過多少遍，都還是讓我感到非常震撼！

獵豹會躲在逆風的草地裡，盡量壓低身體，觀察羚羊的動態，等到夠接近了、時機對了，瞬間忽然從草叢裡衝出來，隨即跟羚羊群展開生死追逐。

獵豹最快能跑到時速 120 公里，而羚羊也有 90 公里，兩者都是為生命在衝，羚羊如果跑輸，命馬上沒了；獵豹呢？速度是牠最大武器，卻也是最大致命傷，全速奔跑非常消耗能量，一旦幾次沒抓到獵物，能量耗盡以後無法再抓別的獵物，也是準備等死。

　　羚羊速度比獵豹慢，光衝還不夠，要跑不規則的彎曲路徑，盡量減少獵豹有直線加速的機會，用時間消耗獵豹體能；獵豹要在最短時間內抓到羚羊，否則失去的不只一餐，還可能賠上自己一條命。

　　想想看，你見過獵豹懶洋洋的追羚羊嗎？有沒有追得到追不到都無所謂的狀態？沒有嘛！一定是滿腦子一心一意要抓到，有食物吃，才有能量保持速度和力量，繼續追捕下一餐，也才有能力養育小獵豹。所以你看牠所有的行為，是不是都在為了「達成目標」而準備？

・觀察：躲在逆風處，是為了氣味不會被傳到羚羊鼻子裡；

- 準備：壓低身體，是為了身上花紋可以完美跟草原結合，羚羊看不到；

- 潛伏：等待，是為了挑選落單的羚羊，並且慢慢匍匐前進到最近的位置；

- 衝刺：瞬間衝刺到時速 120 公里，是為了在最短時間捕到羚羊，以節省最多體力，為下一次出擊儲備能量。

前、中、後三段都顧到了，簡單又有效率。這是大自然演化幾百萬年的結果，態度懶洋洋的、不懂得找目標的、跑得不夠快的……都已經被淘汰了。

你在工作上，有沒有保持這種戰戰兢兢的態度？遠遠看到目標，眼睛就會發亮，緊緊盯著，甚至頭髮會豎起來，全身感到興奮。想著怎麼觀察、怎麼接近、怎麼找資源協助、怎麼在最適當的時機用效率最高的方式進攻。

有這種如同獵豹的企圖心，散發出來的戰鬥氣息就會跟別人不一樣，你成功達標的機率一定比別人高。只要你成功一次，賺到獎金、獲取能量、吸收經驗值、養大了信心，要再達標第二次、第三次，就會越來越容易。

這時候，跟你接觸到的人，都會感覺到你那渴望達成目標的過程，所有宇宙的資源，都會到你身上來。

✊ 達標祕訣：放大你的快樂和痛苦

說到目標，一般人很不容易達成，因為設定容易達成難。做不到會怎樣？少一塊肉嗎？不會吧；會被海扁一頓嗎？也不會。少領一些獎金，多吃幾餐泡麵而已，日子還是可以過。

事實上，這些人不明白達成目標是一種習慣，當他這麼無所謂的時候，他的生命已經建立了一套「不達成」的系統，落入這個負面循環，才是最嚴重的事。所以，從設定目標開始就

要非常謹慎，一旦設定就要像國際快遞那樣「使命必達」。

要操練出這套正向循環，大幅度提升達標的祕訣，在於「放大快樂與痛苦」。

-1×10 ＝ -10

-1×1,000 ＝ -1,000

一、兩次達不到目標，不會怎麼樣，感覺就像扣 1 分一樣，不痛不癢的，就算 10 次沒做到，也才扣 10 分而已。可是當你的人生走進負面循環的系統，扣 1 分會變成扣 1,000 分，連基本 60 分都賠光還倒貼。

什麼意思呢？舉個例子：

你現在年收入多少錢？時常無法達標的話，你期待三年後還會有這樣的水準嗎？還是搞不好連工作都保不住了？

04 達成目標的能力

而三年後……

你的責任會不會變大？

到時候結婚了嗎？

有沒有小孩？幾個小孩？

有沒有房貸、車貸？

父母幾歲了？每個月有沒有要給他們孝養金？

這些都只是基本喔！還沒談到你在工作上要領導團隊、在自我實現上要能兼顧想做的事……等等。假設這樣的生活要你過 10 年、20 年、30 年，等有一天忽然覺醒，發現自己已經 60 歲了，這是你想要的人生嗎？

還是你想要這樣：

$1 \times 10 = 10$

$1 \times 1,000 = 1,000$

如果把達標一次看成加 1 分，當養成了習慣，建立成一套正向循環的系統，做到一千次，就會加 1,000 分，跟上面的負面循環比起來，一個持續往上，一個持續往下，兩者隨著年齡越拉越開，你希望自己是哪一國的？

　　往上或往下，關鍵都在「第一次」。

　　無論再困難，咬牙達成第一次，你就開始變成一個開始往上加分的人，建立了正面系統，潛意識會將你鍛鍊為一個會達成目標的人。接下來……

　　收入就能一直提升。
　　我的生命就能因此得到改變。
　　有機會認識優質的人脈。
　　好人脈更有助達成下一個目標。
　　有辦法讓身邊的人過更好的生活。
　　可以完成自我實現，達成夢想。

有句話說：「以終為始。」意思是你想要什麼樣的結局，就要怎樣開始。想要人生像倒吃甘蔗那樣越來越甜，先從達成這個月的目標開始。我們一起加油！

最能整合資源，就是最會達標的人

有沒有仔細想過，什麼是「資源」？

我的看法很簡單：人、錢、時間……這些你可以調配來幫助你的，都叫資源。通常事業做得越大的人，越懂得運用資源，而他們也把最多的時間花在尋找資源、媒合資源上，而不是自己一個人蠻幹。

再往下挖深，我要你再進一步思考「關鍵資源」是什麼，也就是幫助你打開達標之門的鑰匙在哪裡？舉個實際案例：

有位從事壽險業的學員找我做一對一諮詢，他問我說：「這個月的目標怎麼達成？」

我請他把一周的行程給我，再把諮詢隔天的行程告訴我。

他說：「隔天總共要跑 10 個行程。」
嗯！從這個安排上，看得出他很積極。

後來，我問了一個關鍵問題：「這 10 個人當中，誰是最重要的？」

他：「是中午的行程。」

我：「為什麼？」

他：「因為只要這個 case 成交了，這個月的目標幾乎就達成了。」

我：「這樣子啊！那你原本打算明天要花多少時間在這客戶身上？」

他：「10 個行程，每個行程都很趕。這個人安排在中午12 點到 1 點左右的時間。」

我：「既然這個人是關鍵人物，就值得花更多時間在他身上。你是不是可以去調查一下他的興趣、喜歡的話題、他現在的目標、以前的目標、未來的目標，了解一下他的價值觀，調查一下他的相關背景之後再去拜訪他，更能精準得到你要的結果。如果你對他不熟悉、不了解，你去只是進行表面上的接觸而已。」

他聽懂了，當天結束諮詢後，額外多花時間進行深度了解，結果去拜訪那位客戶的時候，兩人暢談將近三個小時，在那個月順利的把 case 簽回來，果然達成目標！

在這個案例裡面，整合了兩項關鍵資源，第一個是「時間配置」，第二個是「找到重點人物」。每個客戶都很重要，然而對「這個月」達標有最直接效益的必須放優先，同時與其平均都給一小時，不如拉開差距，在重點人物身上多花點時間、

心力，會是更明智的選擇。

　　常有人說，不只要「Work Hard」，更要「Work Smart」！怎麼 Work Smart ？答案很簡單：整合資源，你的事業會越做越大！

延伸閱讀
掃瞄 QR- CODE 看更多！

生命中最寶貴的能力 設定目標、達成目標	達成目標的關鍵（1） ——人脈	達成目標的關鍵（2） ——時間管理
達成目標的關鍵（3） ——行動	達成目標的關鍵（4） ——潛意識	達成目標的關鍵（5） ——決心
你有多想 達成目標	設定目標、達成目標 的潛意識	讓達成目標 變成自動的
達成目標就是在時間內 完成一件事	專注在你要的	潛意識的力量 是意識的三萬倍

05
建立系統的能力

為什麼要建立系統

微軟的比爾‧蓋茲、亞馬遜的貝佐斯、鴻海的郭台銘、台積電的張忠謀,這幾個人有什麼共通點?

你可以說:「都很有錢」、「都是科技業老闆」、「都是世界級企業家」,沒錯,還有沒有?

我說,他們都創造了漂亮的獲利模式,以及建立了有效的系統,而「模式」和「系統」,正是一個企業能不能長期經營的關鍵。以人來比喻,「模式」是天生的基本條件,一家公司在誕生之前,創辦人有沒有想清楚他的模式怎麼走,決定了往後要進入的領域;「系統」是後天鍛鍊,相當於公司創立後,在產品、行銷、人事、研發、財務等各個執行層面的建置,與獲利模式搭配運作得越順暢,對長期經營越有利。

一講起「系統」,通常跳出來的感覺是:哇!好像很巨大、很困難的感覺。我把它重新定義一下,你就知道它其實每天都

在生活當中。

所謂系統，就是「一套解決問題的方案」！

一個超級業務員，不會在入行的第一天就破紀錄，但是他的成長速度絕對比別人快，憑的就是系統，也就是「一套解決問題的方案」。比方當別人一天拜訪 3 個客戶，他透過時間管理，讓自己從 5 個客戶、8 個客戶，做到 10 個客戶，當建立了一天 10 訪的習慣，整套時間管理、情緒管理、行政作業……等等，就成了他獨門的做業績系統。

一個演說家，不可能從會講話的第一天就滔滔不絕，你甚至時常會聽到原本口吃的人，因為自我訓練，「一套解決問題的方案」而成為演說家。他從下定決心、做心理建設，到每天撥出時間練習、觀摩別人怎麼講話……這整個經驗值，經過反覆不斷設定、修正、設定、修正，最後成了屬於他的演說系統。

舉個真實例子，英國首相邱吉爾，小時候曾經是班上成績

最差的學生，加上講話結結巴巴，時常被老師罵。有一天他又被罵，老師說：「你把你父親的臉都丟光了，將來八成沒什麼出息。」

邱吉爾想回嘴，口吃毛病又犯了，他吞吞吐吐說：「不！我……我……我我我……以後……要……要要……做個……演……演……演說家。」話還沒講完，全班同學都笑倒了。

那天以後，邱吉爾每天放學回家就對著鏡子練習講話。剛開始用朗讀的，先求一個音節一個音節，把每個「字」念清楚；等到字都念順了，再前後串起來，把一個一個「句子」念清楚。練習一段時間以後，他在課堂上主動要求站起來念課文，雖然還是比其他同學差，但比他自己以前一句念半天，已經進步非常大。

朗讀沒問題後，他開始不看書，對著鏡子用「講」的，同樣從一字一字、一句一句大聲講練起，然後進到可以隨意講出一大段話。這樣還不夠，他希望講的內容要能打動別人，於是找了一些著名的演講稿來背誦，直到不看稿子就能出口成章。

第二次世界大戰期間，邱吉爾的演說功力屢屢在國際舞臺上發光，例如歷史上著名的〈敦刻爾克撤退成功〉演講：

「我們將戰鬥到底。我們將在法國作戰，我們將在海洋中作戰，我們將以越來越大的信心和越來越強的力量在空中作戰，我們將不惜一切代價保衛本土；我們將在海灘作戰，我們將在敵人的登陸點作戰，我們將在田野和街頭作戰，我們將在山區作戰，我們絕不投降；即使我們這個島嶼或這個島嶼的大部分被征服並陷於飢餓之中——我從來不相信會發生這種情況——我們在海外的帝國臣民，在英國艦隊的武裝和保護下也會繼續戰鬥，直到新世界在上帝認為適當的時候，拿出它所有一切的力量來拯救和解放這個舊世界。」

1953 年，邱吉爾獲頒諾貝爾文學獎。2002 年，BBC 舉辦「最偉大的 100 名英國人」調查，結果邱吉爾得到票選第一名。沒有人想像得到，當年那個「我……我……我我我……以後……要……要要……做個……演……演……演說家」的小男孩，日後竟然真的以演說征服全世界！

好！故事很精采，但是光聽故事，邱吉爾是邱吉爾，你是你。我們來拆解一下邱吉爾的真實故事，如果你也想讓自己的演說能力進步，該怎麼「建立系統」？

1. 練膽：大聲朗讀；
2. 咬字：從念清楚一個字做起，把每個字都念好了，才念句子；
3. 延展：由念字句延展到念一篇文章。請注意，到這裡為止都拿著書本「念」；
4. 丟本：丟本是劇場用語，意思是起初拿著劇本排練，等背熟以後就要丟開劇本，比照正式演出。練熟了朗讀，就要習慣自然的演說情境，不能拿書了。講什麼呢？一樣，從一字一句講起，例如：你、我、他、你好、你好嗎、我很好、謝謝……越講越長；
5. 背稿：演說通常是為了特定目的，找現成的演講稿來背誦，是最簡便的方法；
6. 丟本：背熟講稿以後，同樣的，不能再拿稿子了，要模擬對群眾自然的演說；
7. 肢體語言：除了放膽大聲、言之有物，還要注意自己的語調、

語速、肢體語言，擴大感染力！

把上面所拆解的濃縮一下，變成好記、好操作的系統：

大聲→念字→念句→念文→丟本→講字→講句→講文→背稿→丟本→肢體

再加強記憶：所謂系統，就是「一套解決問題的方案」。這裡面有三段關鍵字：

一、一套

不是單點，也不是一條線，而是用一整個「面」的視野來看；

二、解決問題

光是發現問題還不夠，要能解決它。我們在職場上看到有些人憂國憂民的，常常說公司這樣有問題、那樣有問題，實際上哪家公司沒問題？看見問題只是第一步，解決問題才是價

值所在，就好像你看到公司地上有一片紙屑，與其說清潔有問題，不如先把紙屑撿起來，再想想可以怎麼引導大家把資源回收做得更好；

三、方案

可以執行的方法，不是天馬行空的創意而已。

掌握了對「系統」正確的觀念，你可以從日常生活開始，建立各種不同的系統，帶來的好處非常多，下一篇繼續說。

花一次腦筋，省一萬次力氣

我在「如何成為億萬領袖」課程裡面談建立系統，不只運用在工作上，比方有助理系統、目標達成系統、夢想實現系統，更用在日常生活上，我有吸收資訊的系統、運動的系統、甚至反省的系統，全部加起來有 28 個，這就是我常和學員分享的「佳興 28 大系統」。

　　每天早上，我會撥出固定時間閱讀早報，一大早就掌握世界最新的動態，作為碰到人開場的話題，也用來思考今天有什麼新事物可以展開，這是我「吸收資訊的系統」。

　　健康是事業的根本，我平日有一般運動的習慣，偶爾也和學員們打打籃球，做些高強度的運動，紓壓兼促進健康，這是我「運動的系統」。

　　一天結束之前，我會先讀一些晚報和雜誌；在夜深人靜的時候，回想今天跟學員互動，有哪些地方需要改進，有哪些地方做得很棒，甚至哪幾句話講得特別有神，可以摘要起來，結合所讀到的東西，看看還可以怎樣讓「佳興成長營」的服務再提升，這是我「反省的系統」。

　　有這些生活的和工作的系統，我每天的行程非常充實，像當兵時候「按表操課」，這樣做好處很多：

・充分運用時間，幾乎不浪費一分一秒；

· 什麼時間該做什麼事，自動反應，可以更專注在想做的事情上；

· 模組化的行程，如果有更有效率、更值得做的事冒出來，很容易可以對原有事項的輕重緩急做取捨；

· 最重要的一點：這套方法可以複製，任何人想要過得更有效率，都可以參考裡面的精神，調整成適合他的版本。

　　跟前面邱吉爾的故事一樣，這些系統都不是我從出社會第一天就具備的，而是從實際工作的過程裡淬鍊出來，好比工廠生產線，在製作產品初期，要調整出最好的流程配置一樣，前面設定、測試最花腦筋，一旦設好，只要把材料準備妥當，它就會自動做出產品。節省出來的人力，可以做更有產值的事情，例如做市場調查，設計出更好賣的新產品，而不用再花大把時間在製造上。

　　建立系統和創造高產值之間，是雞生蛋、蛋生雞的循環關係，有了系統協助，你的時間更能用在有價值的地方，而你的時間越能用在有價值的地方，又更能讓系統升級再升級。很多

學員問我為什麼工作這麼忙，生活一樣多彩多姿，一下去馬來西亞演講、諮詢，一下帶團隊去澳洲參加安東尼‧羅賓課程，一下又去高空跳傘……，這都要歸功於我有很多系統，讓我的時間和精力都發揮最大效益。

如果你還沒有建立任何系統，還在看心情做事情，請試試看在生活中和工作中各建立一個系統，一段時間以後，你也可以和我一樣，享受效率帶來的好處，生活精采，事業成功！

✊ 把事情做到最好，同時建立系統

在便利商店買過咖啡嗎？現在的機器很厲害，按個按鈕，就能做出一杯香淳咖啡，比泡碗麵還快！以便利店一天的客人流量來看，一臺咖啡機創造的年產值，可能超過職場上有些人工作一年的成效，然後再乘以全臺灣的店數、平均每家店的機器數量（有的店買了兩、三臺），算下來比很多公司賺的錢都多，是不是很驚人？

這就是系統的力量！

如果你去鴻海，不會看到郭台銘操作機臺；如果你去
Facebook，不會看到創辦人馬克 · 祖克柏（Mark Zuckerberg）
當客服人員；去 7-Eleven，不會看到董事長羅智先在煮咖啡。
他們不會做嗎？當然會，但他們的時間花在這些執行事物上划
不來，所以移交給旗下的經理人，而把時間花在建立新的商業
模式以及新的系統上，建立→測試→執行→移交→建立→測試
→執行→移交……如此循環，讓公司的規模越來越大，獲利越
來越高，這就是郭台銘可以管理 120 萬人，7-Eleven 全世界可
以開超過 6 萬家店的祕密！

這裡面有一個很重要的關鍵，叫做「移交」，我們在電視
新聞常聽到某某公共建設要「BOT」，就是興建（Build）、
營運（Operate）、移交（Transfer）三個字縮寫。一件事情，
不管大事小事，如果要你從創立到執行穩定再到可以移交給別
人，你會怎麼做？當然是非常謹慎的拆解每個細節，把每個步
驟做到最好，形成一套「標準作業流程」，也就是「Standard

Operating Procedures」，簡稱 SOP，才能確保不管交到誰手上、拓展出去多少人來執行，都能帶來穩定的結果。

便利商店咖啡機就是這樣的產物。一個咖啡師手藝再好，要教會第二個人，幾個月甚至一、兩年跑不掉，如果我們將他煮咖啡的步驟錄下來，再與咖啡機的製作流程結合，邊煮邊調整機器，就算調整一萬次也要調到口味一模一樣，是不是就能很快的擴大規模，等於把一個咖啡師變成一萬個咖啡師。

而這一萬個咖啡師還不僅僅只煮咖啡喔！他們把杯子放在機器上、按下按鈕以後，馬上轉身去幫排隊的客人結帳，買早餐的、繳帳單的、要微波便當的……，服務完以後，再轉身回來給咖啡杯蓋上蓋子，遞給剛才買咖啡的客人。一小段時間裡做了好幾件事，效率超高！難怪外國人、大陸人到臺灣來，都把便利商店當成必要體驗行程。

這樣用機器煮出來的咖啡口味如何？其實根據一些盲測結果，也就是不給消費者看杯子的狀態下測試，能分辨與手做咖

啡差異的人非常有限，再加上價錢因素，相差兩、三倍，選擇機器的人更多了。可是你再想一想，分店遍布全世界的咖啡連鎖店，是一杯一杯手沖嗎？或者也是系統化作業？

我知道很多人的組織規模很小，沒辦法比照大企業的SOP（標準作業流程）、BOT（興建→營運→移交），怎麼辦呢？這裡我分享一小段《孫子兵法》：「夫兵形象水，水之形，避高而趨下，兵之形，避實而擊虛。水因地而制流，兵因敵而制勝。故兵無常勢，水無常形。能因敵變化而取勝者，謂之神。」

意思是說，軍隊作戰就像水一樣，要因為天時、地利、人和，還有對手不同而懂得變化，沒有永遠不變的標準答案。同樣的，一個團隊要能勝出，要打造最適合自己的商業模式和系統，讓模式和系統成為實現「願景」的兩大支柱，你不必照抄大企業的系統，卻一定要有屬於自己的。

舉咖啡機的例子，如果你對咖啡機系統不感興趣，而比較喜歡咖啡師，那麼就要形成招募咖啡師、培訓咖啡師的系統，

這就是現在「精品咖啡」在做的事，也是一門好生意喔！他們透過更精緻的服務，不只賣高價的單杯咖啡，也賣豆子、賣器材、買周邊商品（例如掛耳包咖啡），賣一種品味、賣一種態度，他們客群規模雖然比不上便利商店，可是每個客人消費單價要高出便利商店好幾倍，而且認同度高，不只消費頻率高，還會有人慕名而來。

「建立系統」在生活裡其實隨處可見，並不是大企業才需要做的事，我甚至常開玩笑說，刷牙洗臉、上下班路線都可以成為系統。任何人只要懂得運用系統，就等於促使更多人來幫助你，讓自己「做得少一點，空閒多一點，財富多一點，達成高一點」。

明天早上喝咖啡的時候，拿起你的杯子想一想，什麼樣的系統最適合你的團隊？

組織發展是策略問題

我在保險業的時候，收入三級跳成長：

· 進公司第一個月：11 萬元；

· 進公司第二個月：23 萬元；

· 進公司第五個月：超過 45 萬元。

在第五個月，我辦了一個「45 萬經驗分享會」，邀請一些好朋友來參加，他們聽過以後都覺得不可思議，怎麼會在這麼短的時間之內月收入超過 45 萬元？所以有好多優秀的夥伴馬上加入我的團隊，和我一起打拚。然後，我又讓團隊規模三級跳成長：

· 進公司一年半以後，我的團隊有 16 個人；

· 進公司兩年半以後，我的團隊有 26 個人；

· 三年八個月以後，我成立了自己的通訊處；

· 兩度得到全國襄理組第一名；

· 兩次雜誌專訪，報導我的團隊是「菁英部隊」；

· 一年可以增員 60 個人，裡面臥虎藏龍，一半是金融業

的朋友，另外還有汽車業 Top Sales、有出版業的處長、有飯店業的總經理。

為什麼我可以這麼快就吸引到這麼多優秀的夥伴？因為我已經把吸引人才、啟動人才、保留人才這一套作法形成系統，當時許多業務團隊請我去演講，我都提到一個觀念：組織發展是策略問題。

講到組織發展，很多人想的是盡全力找人，所以拚命一直增員，可是卻沒想到找來了留不住，一年過去，花了很多力氣做招募，結果到最後組織沒有變大，戰力沒有變強，白白浪費時間。用一句話簡單講，見樹不見林，也就是只看到一個點就猛衝，而沒有想到全面作戰。

我的作法是：

1. 想清楚優先鎖定哪一群人；

2. 了解這群人出現在哪裡，跟他們接觸；

3. 了解這群人到底要什麼；

4. 塑造他們嚮往的環境；

5. 從中培養未來領導者。

「佳興成長營」曾經協助過一位學員，他叫國霆，當時
22 歲，非常優秀，想要透過我們的諮詢輔導，擴大組織規模。
我告訴國霆如何吸引人才、啟動人才、保留人才之後，建議他
找年紀和他差不多的年輕人，個性最好是模仿型的，看到他光
鮮亮麗的成就，會想要效法也能擁有財富與成就感的族群。

他接受這個想法以後，大量去尋找這類族群，實地了解他
們喜歡去哪裡、對什麼話題有興趣、有什麼需求和夢想，當接
觸人數越多、了解越深入，談成的機率也跟著一路往上跳，吸
引了許多人加入他的團隊。

和前面提過盲目增員卻流失的案例不同，國霆一開始就知
道要找什麼人，清楚他們的特質，所以這群人一進公司，就已
經是為他量身打造好的環境，一個可以當成第二個家的地方。

加上又有明確的培養領導人規劃，看得見未來，因此組織很快蓬勃發展，國霆在公司創造最快達成雙傳奇的成績，當同年紀的人月薪可能還在領 22K 的時候，他已經開瑪莎拉蒂了。

示範：啟動人才系統這樣做

關於人才的重要性，以及怎麼吸引人才、啟動人才、保留人才，在「領導」那一章已經說過，這裡我示範怎麼將一個概念變成系統。選「啟動人才」是因為這個環節在增員系統裡有承先啟後的功能，甚至有些起初看起來不出色的夥伴，經過適當的啟動程序，整個人會脫胎換骨，變成未來的領導者。

啟動人才 8 個步驟：

一、設定興奮的目標

這個目標，要依據他的價值觀來訂定，達成會放大快樂，沒達成會放大痛苦，所以他自己會盡最大的努力達成。注意！

是他自己想衝刺，不是你拿著鞭子在後面催促。

二、提供有效的訓練

利用公司內部的教育訓練，或者外部像「佳興成長營」這樣的機構，從心態面一路調整到能力面，後面才有辦法衝上去。

三、善用資源

同樣要利用公司內、外部資源，包含薪獎制度、輔導制度、時間管理系統……等等，讓他隨時記得是一整個體系和他一起作戰。

四、觀察行動

嘴上說要衝，實際上每天有沒有做到 5 訪、8 訪、10 訪？有沒有做進度追蹤？出勤穩定度高不高？這些行動才是有沒有真心想衝的事實。

五、研判細微的變化

包括臉上的表情、眼神、LINE 有沒有已讀不回……等等，都是研判的重點。有時候他在外面受到挫折，或者在公司裡和同事相處有問題，都會在細微的地方表現出來，甚至影響出勤穩定度。當他連續兩天沒出現，你沒主動關心，等到一個禮拜都沒來才問，可能都快陣亡了，怎麼拉都拉不動。人心浮動的事情，就像醫生面對疾病，及早發現及早治療，才會及早康復。

六、檢視進度

每天都要看，每周要做一次檢討，讓他知道哪裡做得好？哪裡需要改進？或者落後了該怎麼補上來？如果連續沒有達成，是不是能力不夠，需要給予教育訓練，還是心態上有哪裡出狀況，要深入了解原因。

七、最後衝刺期的鼓勵

結算業績前三天，是業務員最重要的時期，有的人會在這裡放棄，這時候給予鼓勵，重新點燃他的夢想，和他一起拚，這種革命情感以及對你是主管的認同度，是千金也買不到的經

驗。帶動一次，往後他一定對你心服口服！

八、一起慶祝一起療傷

　　達成目標的，一起慶祝；沒有達成的，一起療傷。無論哪一種，在情緒起伏之後，要很快的回歸理性，告訴他哪裡做得好，哪裡要補強，我們一起把這些經驗變成系統，成為下一次達成更高目標的養分。

　　如果你是新手主管，一開始可能不熟練，沒關係！多練幾次就會逐漸上手。讓這套方法變成你的 SOP，最好熟到有一天可以移交給其他夥伴，這樣你的位階又將再上一層。如果你是資深的主管，請看看有沒有遺漏或者可以補強的地方，這套方法是一個參考，不是訂死的標準答案，重點在讓任何沒有經驗的人，都可以在最短時間，把自己操練成懂得怎麼啟動人才的好手。

　　不熟啟動人才系統，每招募進來一個人，就要從頭摸索一遍；熟悉這個系統，一次能啟動 3 個、5 個、8 個，而且不只

你自己，其他主管夥伴也可以套用，超高效率就像便利商店的咖啡機一樣，在競爭找人才的市場上，更有勝出機會。

✊ 把建立系統變成本能反應

學員朋友們最常聽到我提的臺灣企業家，就是郭台銘、張忠謀，沒錯！因為在媒體上時常出現，用他們來舉例子效果很好。說到建立系統，奇美集團創辦人許文龍，是我非常佩服的典範之一。

許文龍從小身體就不好，先有肺病後有胃病，自稱「55歲以前，算是個病人」，所以沒辦法像其他創業家一樣，每天花很長時間在工作上，於是更需要用頭腦想商業模式、建立系統，加上尋找對的人才來做事業。

這套方法到他退休之前一直沒變，他每個禮拜只進公司兩天，每次開會兩小時，其他時間大部分花在釣魚、拉小提琴、

陪伴家人。哇！時間用得更少，卻獲得更大的財富，同時兼顧興趣和家庭，建立系統帶來的效果，真的非常驚人。

可是，別小看釣魚和拉琴，許文龍在從事興趣的時候，一個景象就能觸動他連結到事業上，已經練到本能反應的程度。比方當他欣賞藝術品、收藏藝術品的時候，就想到「永續」，他說：「500年後，這世界上或許已不見奇美企業；然而，奇美醫院和奇美博物館卻可能永續存在。」這樣宏大的願景，是不是會吸引更多更好的人才，一起為奇美集團效力？

另外，他的「釣魚哲學」也非常有意思。

一、兩個餌，只釣一條魚

他在釣鯽魚的時候發現，一條線要綁兩支魚鉤、兩個餌來釣，效果更好。其中一個餌，當然是引誘要釣的魚來吃的，另一個餌你猜做什麼用？

答案是：另一個餌要用地瓜揉，讓它一碰水自然掉到水底，

吸引一群魚靠過來想吃，這樣釣魚可以釣很久。

如果滿腦子只想一次釣越多越好，而沒有想到「長期」的問題，生意就會越做越小。他將這套哲學交給旗下的經理人化為系統，主動讓利給客戶，也就是「留一點利益給別人」，讓彼此的關係更長久，生意就會越做越大。奇美的 ABS 樹脂在全球做到第一大，背後就是有個成本、利潤、關係的共生系統在運作。

二、大家都能釣到魚

這是他和朋友結伴去釣魚發現的：出門的時候，每個人都會很興奮的說，今天要用什麼餌來釣、要釣多大的魚，結果回程每個人釣的魚會不會一樣多？不但不會，甚至有的人滿載而歸，有的人一條都沒釣到。如果滿載而歸這個人又一直講今天多神勇，很快就沒朋友了。最快樂的時候，不是釣多少、釣多大，而是「每個人都釣到魚」，他從這個經驗思考「如何分享利益」的問題。

後來，奇美創了一套系統，對上游，向原料廠商建立長期契約，用公式設定採購價格和生產排程，全部自動化，對方甚至不用養業務員來跑業務；對下游，也用同樣的精神建立買賣價格，無論全世界原物料價格波動多少，客戶都能享受穩定的服務。

再來，這個精神又用在員工薪資制度上，讓最基層的員工也能配股，為公司創造利潤，最後會回饋到自己身上，同時也縮小高階主管和基層員工的收入差距。

從一個釣魚的領悟，延伸成為好幾套系統，讓公司賺錢又賺閒。早年臺灣還沒通過周休二日法令的時候，奇美就已經率先實施了。許文龍說，生意如果可以做到大家都不對立，關係一旦建立起來，時間就多出來了，但如果沒做好這件事，你每天就會很忙碌。

他有個「360 度人生」理論，對我而言，就是 4 套系統運作的成果，實現有錢、有閒、有人緣的美好人生。

- 事業，占 90 度；
- 休閒，占 90 度；
- 藝術，占 90 度；
- 對社會與環境的關懷，占 90 度。

　　我提倡的「幸福競爭力」，靠的正是一套又一套的系統來運作。走過負債 600 萬元到中信銀全國業務冠軍，再到 2011 年 5 月創建「佳興成長營」，我深深體會到人生不只要名利雙收，還要幸福快樂，這樣的成功才是圓滿的成功。一輩子練成幾套像許文龍這樣做到本能反應的系統，事業、生活、家庭、自我實現……，都可以像設計師說的「less is more」，做得更少，得到更多。

系統好，結果就好

　　從 2011 年「佳興成長營」創立以來，就專心在培訓方面輔導團隊和個人，我們發現成績好的，背後一定有好系統；成

績不好的，系統鐵定不好，甚至根本沒有系統。經過佳興協助的案例，平均3到6個月之內，業績增加200%到750%不等，可以這麼快就有爆發性成長，關鍵在於快速診斷問題所在，量身打造最有效的系統。

2016年初，有個「THE ONE」團隊找上「佳興成長營」，希望透過我們的輔導，讓業績發展更大更好。結果成績是這樣的：

- 2月份：成交88件；
- 3月份：成交241件；
- 4月份：成交500件；
- 往後的月份，持續保持穩定高業績。

為什麼會有如此亮眼的表現？原因是他們從領導人開始，每位成員都參與我們有一堂叫作「億萬領袖」的課程洗禮，從上到下達成「要建立系統」的共識，然後逐步導入16套系統，比方說：

- 新人訓練系統；

- 開分享會系統；

- 領導者的啟動與訓練系統；

- 每月定期活動系統。

「THE ONE」團隊原來體質就不錯，只是有些事情沒有「定下來」，經過「佳興成長營」協助建立系統以後，省下了很多不確定因素，讓所有人專心按表操課，把時間價值發揮到極致，所以當成交件數一跳上去以後，就一路往上衝，等到穩定下來，平均值已經遠遠超過以往。

操練系統就像用身體學會一件事情，好比騎腳踏車，過程有點辛苦，可是只要學會就不會忘記。我們都有背書的經驗，久沒回想，很容易忘記，因為那是單純用腦子去學習的關係；用身體學習卻幾乎不會忘，要讓一個人忘記怎麼騎腳踏車，然後忽然跌下來，這是不可能的事情。「養成習慣」帶來的效果，就是建立系統神奇之處。

系統和業績的關係，就像宗教上說「因」與「果」的關係，系統是「因」，業績是「果」。弄清楚了因果，就知道從哪裡對症下藥。一個轉念，引進系統來突破業績天花板，其實比想像容易。

定期檢視系統、改善系統

系統不是訂死不動的，既然是為了目標而建立，也就需要時常拿它和達成目標的狀況來比對檢視，像電腦軟體一樣，不斷更新改善。比方說：

- 業務開發系統：常去哪些地方、和哪幾類人談、談哪些話題有共鳴……

- 話術系統：跟客戶破冰的時候，會不會卡卡的；能不能在短時間內建立關係再切到主題；遇到反對意見，有沒有準備 10 種以上的對應方法，情緒管理是不是穩定，會不會三兩下自己先「爆走」；講到哪幾個點，是客人眼睛會議發亮的……

· 開會系統：時間管控做得如何；過程中是主管一個人唱獨
  角戲，還是大家都有參與到意見，凝聚共識；會議紀錄有
  沒有準時發送出來；下了決策以後有沒有做進度追蹤……

　　以上這些例子，最後有沒有連結到目標達成？如果有，
關鍵點在哪裡？有沒有更好的可能；如果沒有，問題出在哪
裡？要怎麼修改？我提過有個「the ONE」團隊找上「佳興成
長營」，我們協助建立了 16 套系統，各位！不是 5 分鐘唏哩
呼嚕就把所有東西倒過去，而是依照輕重緩急的次序，逐漸導
入、修改，一開始只有 60 分也沒關係，凡事做了才是真的，
一萬個想法永遠抵不過一個作法，從執行過程裡修改，很快就
能調整到 90 分，所以他們的成交件數在三個月之內，由 88 件
跳到 500 件，成長了 568％！

　　定期檢視還有一個非常重要的策略性目的：**保持巔峰狀
態。**
　　想想看，一個人建立系統以後就悶著頭做，時間久了，還
會有動力嗎？定期拿出來檢視，會讓人神經繃起來，不斷鞭策

自己往前。以我來說，每天晚上固定在睡前撥出 20 分鐘，回想這一天過得如何，哪裡做得好，可以把它變成系統；哪裡做得不夠好，可以更好。

而當我找到可以更好的方法時，我就會非常興奮，因為那又可以成為一個系統，讓我從經驗中得到成長，而且因為系統的關係，從此一勞永逸，不再被相同的問題困擾，那種「升級」的感覺很棒！

長期定期檢視系統、修改系統，等於幫這些系統淬鍊到成熟的階段，不只對個人好、對組織好，接下來還可以「賣」。經營團隊的高手都知道，到最後在賣的就是系統。當你面對一個人才，秀出你系統所產出的成績，他自己會評估，與其單打獨鬥，不如加入已經擁有成熟系統的團隊，讓時間、精力更專注在業務上，他的成就會更高。

系統這麼多，怎麼做到「定期」檢視呢？我提供一點個人經驗，方法非常簡單：

- 個人系統，每天檢視；

- 小組系統，每周檢視；

- 團隊系統，每月檢視；

- 生活與自我實現系統，每季檢視。

將「檢視系統」這件事也變成一個系統，每天都能保顛峰
狀態。

系統化就是連鎖化，向 7-Eleven 學習

建立系統最好的例子，大多來自生活裡面，比方 7-Eleven。
現在要講的不只有現煮咖啡而已喔！我們換個角度，來看它的
演進歷程：
- 7-Eleven 是 1927 年在美國創辦的，最早不叫 7-Eleven，叫做
  「美國南方公司」，起初以賣冰為主，兼賣牛奶、雞蛋，
  屬於傳統的食品店。
- 1946 年，營業時間延長為早上 7 點開到晚上 11 點，為了好

記，招牌改為 7-Eleven，但註冊的正式名稱還是美國南方公司。

- 1952 年，距離創辦 25 年後，開了第 100 家分店。
- 1962 年，在美國德州首次實驗 24 小時經營。
- 1971 年，在墨西哥開出第一家踏出美國的分店。
- 1974 年，日本的伊藤洋華堂獲得授權，開出亞洲第一家分店。
- 1979 年，臺灣的統一企業獲得授權，成立了我們熟知的 7-Eleven。
- 1991 年，伊藤洋華堂取得過半股權，這家美國公司變成了日本公司。
- 1999 年，註冊的正式名稱由美國南方公司改為「7-Eleven Inc.」。
- 2005 年，伊藤洋華堂成立新的「7&I 控股」公司，完全收購 7-Eleven Inc. 股權。
- 根據 2016 年 9 月統計，全球共有 6 萬多家分店，其中臺灣有 5000 家，店數僅次於美國、日本、泰國，排名全球第四；如果以人口比例來算，臺灣的開店密度則為世界第一。

- 銷售遍布全世界的品項有：重量杯、大亨堡、現煮外帶咖啡（各國名稱不同，在臺灣就是我們熟知的「City Cafe」）、思樂冰。

- 臺灣的 7-Eleven 最早像傳統雜貨店，以販賣飲料、食品為主，後來開闢代收業務（繳交帳單）、自動提款機、ibon、網購到店取貨、iCash 卡、專屬代言人 OPEN 小將及其專屬周邊商品。

　　有句俗話說：「萬丈高樓平地起。」1927 年在德州賣冰的美國南方公司，可能做夢也想不到，它的招牌會掛到全世界去，更想不到一家美國的小食品店，有一天會變成日本企業。

　　《有錢人想的和你不一樣》作者哈福・艾克說過，如果要開個店，一般人想的是怎麼經營一家店，有錢人則是從創立就想到要開連鎖店。

　　美國南方公司在創立 25 年後，好不容易開到第 100 家店，這個店數現在看來不難，但回到 1930、1940 年代，美國正處

在經濟大蕭條時期，其實算是非常難得的成就了。不過，我更欣賞它勇於實驗 24 小時全天營業，還有把店開出美國，到墨西哥去展店。這兩個動作考驗的的不只企圖心，還有「系統」到底能不能往前跨一大步。

我提過任何系統在建立初期，60 分也沒關係，重點在你有沒有持續去做它，有沒有定期去檢視、去改善。從 1 家店開到 3 家店，系統不夠好，辛苦一點，每天多跑幾趟，好像還撐得過去，但要開到第 10 家、第 50 家、第 100 家、第 1000 家，還有拓展到另一個國家去，面對的挑戰也是 10 倍、100 倍、1000 倍啊！

以牛奶來說好了，只開幾家店的時候，自己開車到批發商那裡去載就好，每天賣幾瓶，就算沒有電腦，眼睛看一看、拿本簿子記一記，生意照樣做。可是，不用多，當你開 10 家就好，首先就要面臨物流系統的問題，然後到底哪個分店賣得好、哪個分店賣不好，就得有「銷售情報系統」（Point of Sales，簡稱 POS）來協助，否則一團亂帳，很難搞清楚到底賺錢了沒。

同樣的，你現在的工作呢？是一個人做，還是一群人做？
要不要帶團隊？想帶多大的團隊？會延展到國外去嗎？

每個人在不同年紀、不同職場階段，目標和需求都不同，
而我會建議你思考建立比現在職位往上 2 至 3 級的系統。

- 如果你是基層人員，要建立擔任小組長的系統。相當於
  7-Eleven 在開 1 家店的時候，就要思考開 50 家店怎麼經營。

- 如果你是小組主管，要建立擔任部門主管的系統。相當於
  7-Eleven 在開 50 家店的時候，就要思考開 500 家店怎麼經營。

- 如果你是部門主管，要建立擔任總經理的系統。相當於
  7-Eleven 在開 500 家店的時候，就要思考開 5000 家店怎麼經營。

- 如果你是部門主管以上，更高階的工作者，要建立擔任全
  球總裁的系統。相當於 7-Eleven 在開 5000 家店的時候，就
  要思考在全世界開 50000 家店怎麼經營。

把層次分出來以後，接下來只要做兩件事，就可以解決
80% 以上的問題。

一、列出清單，哪些事情是固定發生，不確定性很低的？

　　比方：每天自我反省、每天吸收市場資訊、每周報表制度、每周例行會議、每月慶生會、新人報到與訓練、業績衝刺……，這些系統建立以後，專門處理例行事務，關鍵在「穩定執行」，保持定期檢視與改善，不需要時常大改，可以在熟練以後，授權給夥伴做。

二、列出清單，哪些事情是浮動發生，不確定性很高的？

　　比方：特別獎勵、業績大幅落後、員工流動率高、公關危機……，這些系統建立以後，專門處理不尋常事務，關鍵在「應變」，在還沒發生的時候，平常就留意其他公司的案例，思考當這件事發生在我身上怎麼辦？這些系統可能不一定適合套用在每次事件上，加上發生機率不高，檢視之後，修改的幅度會比較大。例如員工流動率高，上次是因為任用不適合的主管所造成，所以要修改對主管的考核機制，或者要給主管額外的教育訓練；而這次是因為獎金問題造成，所以要修改薪資制度。

　　最後壓軸，我認為每個人都要有自己的「創新系統」。

同樣是《有錢人想的和你不一樣》作者哈福・艾克所說，他講：「我對『企業家』的定義是：一個替人們解決問題，同時可以賺大錢的人。如果你是個解決問題的人，要如何賺更多的錢？就是替更多的人解決更多問題。」

創新，就是用傳統沒想過的方法來解決問題。

以前便當店只在午餐、晚餐時段開，錯過吃飯時間的人，只能吃麵包、吃零食。7-Eleven 開發出「御便當」，讓大家 24 小時都有飯吃，結果它變成全臺灣最大的便當店。

以前要吃水果，只能在水果店、生鮮超市、量販店買，而且一買就要買半斤、一斤。7-Eleven 找到穩定貨源，開發出香蕉一根一根賣的模式，一天竟然能賣出 10 萬根，一年下來，比全臺灣整年的出口量還多。

這並不是在幫 7-Eleven 打廣告，而是提醒你，就算在生活週遭看起來最平凡無奇的地方，都有沒被滿足的需求，這些需求都是創新的機會。

- 要激勵夥伴，除了給錢，有沒有別的方法，比方請他最愛的人一起來現場？
- 對於業績落後的夥伴，除了罵他、念他，要不要試試請他喝一杯好咖啡？
- 團隊出國旅遊，除了去大城市血拼，可不可以靜靜的去看一次極光？
- 開發業務，除了一張一張訂單跑，可不可能走團訂模式或者長訂模式？
- 訂定系統的人，除了由主管發動，有沒有機會讓年輕的夥伴來主導？

「創新系統」並不需要弄出偉大的點子，只要你多留心身邊的人事物，就會有源源不絕的活水。

比方關於教育訓練，與其在公司接受單向的聽講，不如帶大家一起來「佳興成長營」這樣的培訓機構，感受跨領域交流的氛圍，學習效果肯定會有更大化的效果！

延伸閱讀
掃瞄 QR- CODE 看更多！

【線上講座】 生命中最寶貴的能力 設定目標、達成目標	【線上講座】 超級業務	【線上講座】 超業行銷學

【線上講座】 企業家的精神	【線上課程】 無限潛能競爭力	【線上課程】 賺錢的祕訣

【線上課程】 無限財富競爭力	【線上課程】 幸福成功七大策略	【線上課程】 關鍵競爭力

佳興 幸福競爭力

06

公眾演說的能力

任何人都可以成為超級演說家

　　每當我說「任何人」的時候，臺下一定有人露出懷疑眼神，他質疑的不是我，而是他自己，就好像投資之神巴菲特當面跟你說，只要願意研究企業財報，「每個人」做股票都可以賺大錢一樣。

　　各位！我在 25 歲的時候，聽了世界第一名潛能大師安東尼・羅賓演講，他說：「這個世界上任何一種行業，都有它的價值，但沒有一種行業比改變人們的生命更有意義。」哇！我立刻下定決心要成為一位演說家，而且把這個夢想告訴身邊的朋友們。其中，有些人跟我說：

　　「佳興，你只有高中畢業，怎麼可能？」
　　「佳興，你創業三次失敗，怎麼可能？」
　　「佳興，你發音又不標準，怎麼可能？」

　　論內容，我的學歷並不耀眼，講不出什麼大道理，好像不

會有人想聽我演講。所以我瘋狂學習，到處參加世界級大師課程，不斷反覆聽有聲書，每個月買二、三十本書狂K，報紙、雜誌更是每天早晚必讀，一年、兩年、三年下來，我對各種成功學、心理學、行銷學、建立系統、業務技巧、演講技巧的知識，可以隨時跟任何人連上話題，內容的問題，已經不再困擾我。

論故事，我將創業失敗的原因徹徹底底做了整理，作為再挑戰事業的養分，同時投入業務工作，創造非常亮眼的成績，不只個人收入好，還帶領團隊一起達成目標。人生有低谷、有高峰，我的故事和媒體上的名人、雜誌上的封面人物相比，毫不遜色。

論發音，我一點也不字正腔圓，但是透過一次又一次的練習，先做到表達清楚，不吃螺絲，再來還可以帶動現場氣氛，讓臺下的學員聽了我的演說，有想要馬上行動的熱情。

有朋友問我，為什麼丟一個題目過來，我立刻可以侃侃而

談？我說，因為已經聽了不知道幾百遍有聲書，變成本能反應了啊！發音和口條的問題，在「接納自己」以後，不只沒有困擾我，還變成我的特色。

從學歷、經歷、發音這三個條件來看，比我強的人太多了，可是如今我在臺灣、中國大陸、新加坡、馬來西亞巡迴演講，每一場都爆滿，受到廣大歡迎。我就是最好的見證，我做得到，你，一定可以！

✊ 如何克服上臺恐懼

從小到大，你碰過多少次要上臺講話的經驗？

根據我的觀察，一個環境裡面，會主動發言的占不到10%，換句話說，90% 的人都是在臺下默默祈禱：「不要點到我！不要點到我！」這群人真的這麼內向嗎？不用講你也知道，大部分的人臺上一條蟲，臺下一條龍。私底下跟朋友聊

天，口條多溜！一被點到上臺，「嗯嗯啊啊」、「這個……那個……」，眼睛從天花板看到白板再看到地板，就是不敢看臺下的聽眾，就算有人說，把聽眾全部當成西瓜就好，他照樣連西瓜都怕。

我教你一個祕訣：

這是「焦點放在哪裡」的問題。

上臺會怕，不敢看臺下聽眾，是因為你把焦點放在自己身上，從髮型、衣服、長相，到發音、語氣、內容、肢體語言……，你拿著放大鏡看著自己一舉一動，就算臺下全部都是西瓜，沒人看你，但還有一個人在看：你自己，所以怎麼樣都彆扭。

如果我們把鏡頭轉過來，不要朝自己而朝臺下聽眾，你要想的是今天演講的內容，所傳達出來的價值觀，可以怎麼樣幫助聽眾，自然就不會怕了。對！就這麼簡單，不但不用假裝臺下是西瓜，還要跟每個人的眼神接觸，讓他們知道你在意他的

感受，你說的就是來幫助他的，無形中，你們是透過演講場合在做潛意識交流，高興都來不及哪還會緊張？

下次上臺前，如果還緊張，記得在深呼吸的時候，順道移轉注意力焦點，用幫助人的角度來想，保證你從此會愛上演講。

✊ 掌握麥克風，就掌握影響力

政治人物、明星、演說家，這三種人有什麼共通點？

答案是：他們都是透過麥克風發揮影響力的人。政治人物透過麥克風傳遞理念；明星透過麥克風傳遞才華；演說家透過麥克風傳遞知識。他們藉著麥克風，讓一個人的力量瞬間放大無數倍，影響臺下的群眾，或者媒體另一端的觀眾、影迷、歌迷……

公眾演說真正的妙用，正是這種「一對多的銷售」。不管經由媒體傳播，還是自己去公園搬張椅子站上去，對 10 個人也好，對 10 萬個人也罷，都比一次只能對一、兩個人說話有效率。

想想看，一個超級努力的業務員，一天 10 訪已經很猛了吧，大約也只能跟 10 個人溝通，一個月 30 天下來，能做到 300 人就非常厲害了。

同樣一個月，假設每周籌辦一場演講會，很容易就可以超過 300 人這個數字，而且不需要每天跑得那麼累。一旦學會公眾演說技巧這個「系統」，對 10 人演講與對 10 萬人演講，基本上是一樣的，會帶來不可思議的效率：

一、收入倍增

由於接觸的群眾瞬間放大，帶來的商業機會，將超出想像，例如：原本是你去找人，現在變成人家來找你，成交機率高多了。

二、時間倍增

　　就像前面提過的，假設同樣要接觸 300 人，一對一跑業務要花 30 天，籌辦演講全部加起來可能只要 7 天，時間效率高出好幾倍。「多出來的時間」可以拿來進行別的業務開發、陪伴家人，或者做你想做的事。

三、影響力倍增

　　具有公眾演說能力的人，站在臺上會自然產生某種「魅力」，所說的話語，力量會是平常的千倍、萬倍，不只影響的人數多，影響深入的程度也大，所以容易讓聽眾立刻行動。你看世界上厲害的政治人物，像邱吉爾，可以激勵全英國軍民奮起；像歐巴馬，可以突破種族歧視，贏得選戰，成為美國史上第一位黑人總統。超級講師就不用說了，比方聽了安東尼・羅賓的演講，就改變了我的人生啊！一個人可以藉由「說話」，影響另一個他完全不認識甚至語言文化完全無關的人一輩子，是不是很神奇？

　　有人會說：「我講得不好！」、「一拿麥克風我就當機。」

這些其實只是不習慣而已。你身邊是不是有些朋友,一打開冰箱看看裡面的食材,就能變化出一道道佳肴?你可以問他是不是一生下來就這麼會做菜?

大部分的事物,都可以透過學習和習慣來養成,學習讓你從不會到會,習慣讓你從會到熟練。習慣拿麥克風,就有辦法讓你的影響力發揮到無限大,你的產能就能乘以 10、乘以 100、甚至乘以 1000。

「佳興成長營」成立沒多久的時候,有位年輕朋友來找我,他不會做業務,我教他怎麼做業務;他不會做組織,我告訴他怎麼把組織倍增起來;他不會拿麥克風,我訓練他公眾演說的能力,這是我第一位徒弟——小風。

後來他的表現非常出色,團隊成長到 3 萬多人,他個人位階也登上全公司最高。懂得運用麥克風,他可以透過演說,一次啟動成千上萬個夥伴,後來和我一樣,將一些「Know How」分成初階、中階、高階,錄影起來變成內部教學系統,

提供給夥伴隨時學習，彼此都將時間價值發揮得更淋漓盡致。

一個什麼都不會的菜鳥，可以透過後天的學習培養成習慣，再從習慣操練到極致，我相信你一定也可以。只要拿個10次、20次，習慣以後，你就會愛上那種感覺。我期待下一次，看到你在臺上閃閃發光，成為下一位超級演說家！

✊ 活在你的演講稿裡

很多人問我：「佳興老師，要怎麼準備演講稿？」

我再精確定義一下他們的問題，其實是要問怎麼「寫」一篇洋洋灑灑的稿子，然後在臺上唸稿子。

我的回答很簡單：「活在你的演講稿裡。」安東尼‧羅賓說，向任何人學習，要學這三件事：信念、策略、作法。找到屬於你的「演講稿」，就是信念所在。

　　什麼意思呢？所有技巧都可以學，唯獨「歷練」是學不來的，有就是有，沒有就是沒有，站在臺上，是真是假，臺下觀眾絕對有感覺。

　　我常講：「演說不是天賦，是對生命的體會。」如果今天要講的是經歷失敗後再站起來，一個沒有失敗過的人，怎麼講出打動別人的內容？而一個失敗過的人，勢必經歷脾氣衝撞、不聽勸告、判斷錯誤、行動魯莽……，當有一天回頭看，會更明白人生沒有白走的路，人非聖賢孰能無過，犯過這些錯，更讓聽眾覺得你跟他們站在同一條陣線上，而不是造神編出來的。假設你有過一些真實經歷，不管是在事業上、家庭上或者感情上，請問，還需要寫演講稿嗎？

　　有句話說：「真性情就是好文章。」

　　怎麼樣才能有真感情？一個好的演講者，不是他多會講，而是他多會做。做你說的，說你做的，你對自己講出來的內容負責，就是對臺下的聽眾負責，自然有真感情，自然有好文章，

自然說出來的能打動人。就像前面提過的，我的學歷不漂亮、我的創業失敗三次、我的發音又不標準，沒有一項條件對我成為演說家是加分的，但是我願意下定決心學習，這段踏踏實實在做的過程，就是最好的演講稿。

同樣的，現在我講設定目標、達成目標，自己每天都在跟夥伴們一起操練，怎麼設定要很努力才做得到的目標，怎麼拚到截止前最後一秒也要想盡辦法達成。我講實現夢想，從2011年只有一個人做到現在有一群超棒的團隊夥伴；從普通辦公室到擁有236坪、可以容納300人的大教室；從求三餐溫飽到現在成為全亞洲最知名的演講家之一，這些一步一腳印的過程，就是最好的演講稿。

每個人都可以是超級演說家，只缺「一份演講稿」啊！意思是，你找到主題了嗎？有沒有下定決心要操練到極致？

這份演講稿的主題可以非常生活化，比方「減重」。各位，你們知道有人開玩笑說人生有三大課題嗎？那就是減重、

理財、學英文。這個笑話的意思是，每年都會有無數人發願要減幾公斤、要存多少錢、要把英文學好，結果一年過去了，兩年過去了，年年發願，年年都做不到。為什麼？他有目標，只是缺了一個動力，所以永遠達不到。

可是你知道嗎？新娘子在結婚前，為了穿進美美的婚紗，死命也會瘦下來；平常賺多少花多少的月光族，可能因為要救流浪狗，從此改變花錢的習慣，願意為了狗而存錢；一個英文書買來讀兩頁就丟到一邊的人，搞不好交了一個外國網友（網友喔！還不到男女朋友），忽然就努力學起英文來了。

如果你對減重沒有動力，可以想像兩個月後要上臺演講「我是怎麼瘦的」，試一次，你就知道「活在演講稿」是什麼意思了。根本不用寫稿子，一個字都不用，更不用提要看稿了。

只要回想一下：
・你原來是怎麼吃的，減重過程裡又是怎麼吃的，是整天只吃一顆蘋果嗎？還是只吃菜不吃飯，或者正常吃，但吃得

更均衡？

- 有運動嗎？走路、慢跑、游泳，還是沒有，能睡盡量睡？

- 有沒有上網找一些偏方，像是膠帶纏手指、跳熱瑜伽、只吃特定食物？

- 過程中，碰到美食誘惑有沒有掙扎？心情低落的時候，是不是又想跑去買鹹酥雞配啤酒？半夜看到網路上的消夜文，有沒有差點衝出去？

- 有沒有碰到卡關的時候，數字就卡在那裡不動，是怎麼克服的？

- 減下來以後，心情怎麼樣？能穿回幾年前的牛仔褲，有沒有感動？身旁的親朋好友說了什麼？

- 現在的你，覺得以前好還是現在好，為什麼？

- 為什麼以前老是減不下來？這次終於減下來的關鍵點在哪裡？

- 想跟減重一直減不下來的朋友說什麼？

　　類似的例子，「戒菸」也可以。從什麼時候開始抽？這麼多年試了好多方法，為什麼就是戒不掉？背後有什麼心理因

素？發生過哪些小故事……？然後，下定決心戒掉它，不管用逐漸減少的方法，還是從這一秒開始一根都不抽，反正決定是自己下的，就執行到底，一定要徹底戒掉。這段經歷，就會是最棒的演講稿。

李敖講過他戒菸的過程，他說從年輕時候就抽，算是老菸槍了，後來有一天忽然覺得人生不該被任何事情綁住，抽菸會成癮，等於到哪裡都被香菸綁著。於是說不抽瞬間就不抽了，單靠一個念頭就戒掉，他說，戒菸是意志力的事情。

活在你的演講稿，以戒菸來說，可以很痛苦、很痛苦，用盡各種方法，試了 100 次才成功，也可以像李敖那樣，找到最核心的原點，一個念頭就戒掉，兩種都精采，重點在於：你真的戒了。

活在你的演講稿，如果你還在看心情做事情，給自己設定一個目標，使命必達，做成一次就會做成第二次、第三次。如果你一直有個缺憾，比方不會騎腳踏車的，想辦法學會，還要

給自己環島的挑戰；不會游泳的，想辦法學會，還要給自己設定運動選手的挑戰；想要做公益的，不要只捐錢，定期去育幼院、養老院、導盲犬學校……，用實際行動幫助弱勢的朋友們。總之，演講稿的主題，範圍無限寬廣，然而重點永遠在：

去做，操練到極致！

操練到極致的時候，變成了本能反應，等於在用潛意識在和聽眾溝通，它的能量是意識的 3 萬倍！你說什麼，聽眾就會立刻行動。別說要賣產品，就算你說要賣如何減重、如何戒菸的課程，保證馬上會有一群人衝上來訂購。因為你說的每一字、每一句都是從真實經驗源源不絕「湧」出來的，臺上的你，就是最佳見證。

我一再強調，一場精采的演講，就是絕佳的演說技巧，加上 100 分精采的故事！只要具備這兩個要件，你的演講一定能感動人，一定能幫助人。

活在你的演講稿，操練到極致以後你會發現，這個方法會督促你有大夢想，形成強大的使命感，進而改變你的潛意識，最後回過頭來滋養你的生命，讓你有更多好故事可以說。

✊ 開講前，先做好「設定」

一說到演講，最先浮現腦海的通常是要「講什麼」。嗯⋯⋯等一下！你看過 F1 賽車嗎？

F1 是全世界賽車最高殿堂，我們熟悉的賓士、法拉利等車廠，每年投入百億美金起跳的資金，尋找最強的車手、研發最強的技術、組織最強的後勤團隊，就是為了在賽道上爭冠軍，證明自己是汽車界的王者！猜猜看，激烈到以千分之一秒為單位的國際競賽，每次開賽之前最重要的一件事是什麼？

答案是：選輪胎。

由於每場比賽天氣狀況都不一樣，晴天要用俗稱「光頭胎」的熱融胎，它雖然沒有紋路，但胎溫只要上升到攝氏 80 度，胎面就會開始融化，藉由橡膠的黏性大幅增加抓地力，這樣就算車子時速超過 300 公里，依然能牢牢抓緊地面，讓引擎盡情發揮威力。

下雨天會打滑，要改用紋路深的「雨胎」，在最短時間裡排除積水，最終目的還是在讓車子在安全前提下，衝到最高速度。

晴天配雨胎，安全是安全，不過增加龐大的摩擦力以後，犧牲了車速，再猛的引擎也補不回來；雨天配光頭胎，再老練的車手也準備在下一個彎道飛出去……。

明白了嗎？就算有一流的車手、一流的車子、一流的後勤團隊，還要搭配正確的設定，才能達成目標。做錯設定，反而讓你離目標越來越遙遠。

關於演講，有兩個設定必須在開講前做好，不分商業演講、公益演講，都一樣：

一、基本觀念

演講可以輕鬆、可以生活化沒錯，但絕不是閒聊，它是「有目的」的講話。

二、進階觀念

先想清楚「你想得到什麼結果」，再來反推重點在哪裡，要讓人家聽什麼。舉前面減重的例子來說，當然要講原來幾公斤、現在瘦了多少、為什麼以前老是減不下來、這次瘦下來的關鍵點……，講了這一大串故事，你最後收尾的時候要做什麼？不管賣書、賣課程還是賣健康食品，這個目的要和前面串起來，這才叫演講。

另外，為你要講的主題取個好名字，要讓人一聽就眼睛一亮，進而馬上行動。

比方我有一堂課叫「如何成為億萬領袖」，這個人家一看就知道是我要的；有一堂 3 天的潛意識課程，叫做「完全改變」，參加完之後，你就知道你有些壞習慣是要拿來改變的，這堂課就是幫助你在潛意識裡重新寫程式，做出改變；「NO.1 行銷學」，就是要讓你成為公司的 NO.1、行業裡的 NO.1。

有了標題，再配上副標，方便讓人明確知道內容和價值是什麼，接下來就可以開始設計架構。

✊ 三段式架構

做好了前置設定，以一個小時來舉例，我所安排的架構，必須同時滿足這三大條件：

一、讓所有人都知道你是誰的開場（**10 分鐘**）

重點在與臺下聽眾互動，讓大家知道我是誰，有什麼特別的地方，為什麼要來聽我演講。

任何講師站在臺上，臺下聽眾都會好奇講師是誰，值得聽他的演講嗎？所以講師一上臺，要先回答三個問題：

- 我是誰？
- 為什麼要聽我的演講？
- 聽我的演講對大家有什麼好處？

在自我介紹的過程中先回答這三個問題，同時與現場所有人眼神交會，進行互動。

這段自我介紹的開場非常重要，必須是職業等級，讓所有聽眾對講師產生好感與信任，後面帶任何內容，大家才會聽得進去。任何一場演講，所有學員的反應都是講師的責任。一套完美的開場，會讓大家對這場演講產生極大的興趣，進而得到最好的結果。

你知道一般業務員和超級業務員，最大的差別在哪裡嗎？我的觀察是：一般業務員只會賣產品，超級業務員卻懂得「賣

自己」啊！

　　只會埋頭賣產品的人，就算偶爾能把一種產品賣得稍微好一點點，一旦換個領域，他又得從頭來過；懂得賣自己的人，賣的是「信任」與「好感」，所以你會發現，超級業務員不只會賣保險、房子、車子，就算拿電鍋、冰箱給他，照樣賣得發光發熱。所以，開場的自我介紹非常重要，你要把自己賣出去，讓臺下的人相信你、喜歡你，接下來你講什麼，他們都會買單。

二、十年之後還記得的內容（**40 分鐘**）

　　這裡要特別留意，很多人演講不精采，就是想在有限時間裡面塞進無限內容，好像要把他一輩子發生的故事全部讓臺下知道，結果自己講得很匆促，好像一直在趕路，臺下卻聽得霧煞煞，彷彿「滿天全金條，要抓沒半條」。不要說演講了，你追了幾十集的韓劇，眼睛盯著螢幕幾天幾夜，請問現在除了男主角很帥、女主角很美外，劇情講了什麼，你記得多少？

　　人的注意力有限，記憶力更有限，聽完走出教室，記住的

只剩一半；睡一覺起來，只剩三成；再過兩天，忙工作上的事情，可能一成都不到。所以，在安排內容的時候，要先抓住「記憶點」在哪裡，然後「用故事帶啟示」，讓聽眾覺得故事好聽的同時，無形中接受了你要讓他記住的重點。

如果你不知道怎麼抓記憶點，找出你去ＫＴＶ最喜歡唱的歌曲，它的「副歌」就是記憶點。在競爭激烈的流行音樂市場，一首歌如果能讓人一聽就會跟著唱，紅的機會是不是就大很多？一首歌的副歌是不是可以讓人記住 10 年？對！你演講的記憶點，要給聽眾帶來足夠的價值，讓他記住 10 年！

副歌通常反覆唱至少兩、三遍，讓你很快就能把最好聽的旋律朗朗上口。同樣的，演講內容最好規畫三個記憶點，然後反覆陳述，就像小孩的英語教材，為了讓孩子們記得，幾個簡單字句會用各種方式出現。比方「Good morning.」好了，它會安排一個小男生一早起來，聽到爸爸、媽媽跟他說：「Good morning.」他也回：「Good morning.」然後出門遇到同學說：「Good morning.」看到小狗說：「Good morning.」到了學校

再跟老師說：「Good morning.」

把這個一大早的情境延展成一天，很快就能記住「Good morning.」、「Good afternoon.」、「Good evening.」和「Good night.」這四句最常用的問候語。

三、愛到最高點的結尾（**10 分鐘**）

就像一部精采的電影，到結尾時總是能讓所有觀眾印象深刻；而一首精采的歌曲，也會讓副歌的情感，一直延續到感受最深的時候讓歌曲結束；一場精采的演講也是一樣，經過一番精心的設計，在最精采的時候結束演講，讓大家欲罷不能，還想繼續再聽，這會是最佳效果。

架構範例 1：佳興成長營起初課程

2011 年，「佳興成長營」剛成立，還沒有人知道佳興老師是誰的時候，我開了一堂課叫做「關鍵競爭力」，它的架構是這樣的：

1. 開場；

2. 內容1：每個人都要具備的銷售能力；

3. 內容2：如何拓展人脈：倍增你的時間與財富；

4. 內容3：學習的重要性：在21世紀，不學習等於滅亡；

5. 結尾。

演講架構就像一條魚，有魚頭、魚骨和魚身，再加上魚尾，你的演講自然栩栩如生。

有了架構，還要有故事、有方法，聽眾一路聽下來聚精會神，覺得有收穫，才會對你的結尾買單。舉例來說，我們有一堂課「夢想競爭力」，架構和前面提過的一樣很完整，有實踐的故事，然後再加上這條公式，讓聽眾有可以遵循的依據：

夢想 ＝（目標＋時間）× 決心

那麼怎麼達成目標呢？首先要化整為零，把一個大目標切割成多個小目標，這樣負擔變輕，每做到一點就值得鼓勵，再

往下一步邁進。

　　故事方面，以我三次業務工作的經驗，還有「佳興成長營」成立以來每個月如何精準的設定目標、達成目標來輔助說明，聽眾很快就可以學到我 20 年來的菁華，不必再摸索，就能學會「設定目標、達成目標」這項生命中最重要的能力。

架構範例 2：蘇州蠶絲被的故事

　　這是朋友的真實故事，非常有趣，可以當做案例來欣賞。朋友在 2005 年左右參加員工旅遊，到蘇州玩，行程中少不了要去買東西，其中一個就是去蠶絲被工廠。路途上，年輕的導遊媽媽用道地的江南腔，緩緩說了小時候她們家很窮，到了冬天下雪時棉被常常蓋不暖，於是爸爸、媽媽辛苦工作存了點錢，想買條又輕又暖的蠶絲被，可是無奈收入有限，買不起大床的，只能買條單人的。媽媽疼她，把蠶絲被讓給她蓋，自己和爸爸還是蓋舊棉被。媽媽說，她還小，身子弱，要蓋暖一點

才不會感冒，把身體顧好了，好好讀書，將來考個好學校、找份好工作，就能給全家買條大的蠶絲被了。

她長大後，做導遊開始存了錢，跟著旅遊團直接到工廠買比較便宜些，也就給爸爸、媽媽買了床大的蠶絲被。江南自古就是中國主要的蠶絲產地，蘇州人都知道蠶絲被的好，很輕，蓋起來不會像老棉被有壓迫感。老人家上了年紀，支氣管敏感，蠶絲不會有棉絮引發過敏的問題。再加上蠶絲天然蓬鬆，就算是冬天下雪，蓋一下就暖了，對老人家膝蓋風濕特別好。

她很高興現在有能力可以回饋爸爸、媽媽，而當年那條小蠶絲被，她還留著給女兒蓋。她說，錢要賺隨時都有，孝順父母要及時啊！她很慶幸爸爸、媽媽現在身體都健康，父母的健康，就是我們做子女的最大安慰。

講完這一大段故事，車子剛好開到蠶絲被工廠，朋友說那次員工旅遊一共包了三臺遊覽車，一臺30人左右，你猜他們這一車買了幾條蠶絲被？90條！平均一個人買3條，遊覽車

的行李箱都快塞不下。後來他們才知道，另外兩車沒有講這些，一車才買 10 幾條，兩車加起來還不到他們的三分之一。

各位！掌握麥克風就掌握影響力，隨時隨地都能 Close 訂單，賣個蠶絲被都比別人多 3 倍啊！

朋友說，導遊媽媽的江南腔講話慢慢的，跟我們在電視購物看到那種機關槍似的促銷嗓門很不一樣，讓人聽了很舒服，車窗外又是江南美景，簡直絕配。不過重點是她的故事太精采，好像講到每個人的心坎裡。我們來解析一下：

1. 讓所有人都知道你是誰的開場：蘇州當地窮人家，買不起蠶絲被；
2. 十年之後還記得的內容：
・好不容易買了一條，卻只能買小的，優先給孩子蓋；
・長大以後有能力回饋父母，在工廠買，價格上沒有負擔；
・對蠶絲被的產品解說：輕、暖、沒有棉絮，每一項都對應到老人家的身體好；

- 耐用度：小時候自己蓋的，現在還能留給女兒蓋；
3. 愛到最高點的結尾：孝順父母要及時，父母的健康，就是 子女最大的安慰。

　　想想看，你最後是在買蠶絲被嗎？你買的其實是孝順的心 意、父母的健康。平均一人買 3 條，都是大床的，給爸爸、媽 媽一條、岳父、岳母（或公公、婆婆）一條，然後，自己家一條。

✊ 產品有價　觀念無價

　　前面蠶絲被的真實故事，已經說明了賣產品和賣觀念的差 異。賣產品，介紹完特點以後，就進入大的多少錢、小的多少 錢，有沒有送贈品，這種喊價的層次。賣觀念不一樣，所有人 聽了都想買大的，給爸爸、媽媽一起蓋，就算父母當中有一個 人不在了，也希望另一位可以睡得更舒服。而且既然是為了孝 順，自己的爸媽有，另一半的爸媽也要有，然後自己家來一條， 最好孩子們一人再一條。跟家人健康比起來，一條到底是 500

元人民幣還是 600 元人民幣，好像沒那麼重要了。

要達到賣觀念的境界，講師要先有「使命感」，當你真的了解自己的產品可以幫助到人，講出來的力量絕對不一樣。

「佳興成長營」在創辦初期，我到處辦講座，一場講了兩小時，接下來就要賣一天的課程，或者賣我七大策略、六大能力這兩套有聲書。由於我把 20 年的菁華都灌注在這兩套有聲書裡面，非常了解真的可以幫助到大家，少繞很多冤枉路，因此在臺上講起來格外有熱忱。我賣的是協助客戶縮短摸索時間、盡快創造成效的解方，是生命真正會發生改變的觀念，而不單單是兩套 CD 而已，因此銷售很快跳起來，連帶讓課程也受到歡迎。

 輔助材料是為了跟情感對話

我說過，不用刻意寫稿來背，要活在你的演講稿裡，講出

來的東西自然有說服力。不過，許多時候需要一些材料輔助演講，比方講減重成效，如果 PowerPoint 放出來就是以前小胖的模樣，大家看到眼前「板橋金城武」，一定會「哇！」一聲。

我整理了常用的輔助資料，可以這樣準備：

‧PowerPoint：

架構要跟演講一致，效果不用弄得飛來飛去。還有 PowerPoint 名稱就告訴你關鍵字是「Point」，意思是當成提詞卡來用，把要點打出來就好，不要像 Word 那樣長篇大論。

‧影片：

YouTube、Facebook 都是現成的資源，例如「佳興成長營」就有非常豐富的片子，看到適合你主題的，在符合版權運用的前提之下，可以用來襯托演講。

‧照片：

在新聞界有句話說：「一張照片勝過千言萬語。」可見影

像的影響力量之大。運用照片有時候可以挑幽默的畫面，使人會心一笑，對塑造全場良好氣氛有很大的效果。

· 歌曲：

中文、英文、臺語都可以，重點在旋律和節奏，一般會把音樂用在激勵或催淚的橋段，渲染力會比單純只用文字呈現高很多。以前面提過賣蠶絲被的導遊，如果故事場景換成在臺灣，提到小時候家境不好，長大孝順父母，一邊講一邊播放江蕙的〈落雨聲〉，瞬間就讓人落淚了。

· 小道具：

讓你講的事情，更有「眼見為信」的感覺，假設還是蠶絲被的故事，拿一小團蠶絲和一小團棉花，對著棉花撥幾下，棉絮飄在空中，自然說明對支氣管過敏、鼻子過敏的人會產生什麼樣的影響了；蠶絲怎麼撥都不會有細屑飛出來，兩種材質哪個好，不用多說，大家都知道。

在這裡要注意一點，以上這些東西都是輔助你的演講，用

它的目的是跟聽眾的「情感」對話。理性的東西，就算你不講，現在網路這麼發達，手機拿出來滑一滑，什麼資料都查得到，甚至你在賣的產品網路也有賣，為什麼要跟你買？就在於情感被打動，把握住聽眾的「衝動」，就能創造亮眼的銷售成績。

✊ 精準掌握聽眾是誰

這一章到這裡，設定、架構、故事、輔助材料、賣觀念，你都學得差不多了，然後，最最最重要的一件事，我希望你時時刻刻放在心上：臺下是誰在聽？

我常開玩笑說，講給「業務員」聽跟講給「公務員」聽，兩種職業差一個字，個性特質卻差了十萬八千里。了解你的族群，才可以調整故事，甚至照片、音樂，塑造「專門為他準備」的感覺。比方說對年長族群，要挑 40 年前的歌曲，照片最好穿插幾張黑白的；對學生族群，要找年輕偶像照片，最好網路當紅的名人或影片，他們才會覺得你是同一國的；對師奶們，

請出長相斯文、肌肉結實的韓國男明星，保證讓你事半功倍。

世界知名的「玫琳凱化妝品公司」創辦人玫琳凱女士說過：「每個人的身上都帶著一個『看不見的訊號』，那就是『讓我感覺自己很重要！』（Make me feel important!）。」這句話的意思是，沒有人會成天對人說：「喂！你要讓我感覺自己很重要喔！」可是心裡想不想？問你自己就知道。

一個懂得從故事、例子、照片、音樂……每個環節都塑造「我懂你」的講師，就能讓臺下為你而瘋狂！

✊ **善用手機，天天練習演講**

相信大部分的人，沒有機會時常上臺演講，所以可能知道很多原理、原則，等到真的要實踐出來，效果跟想像差很多。就像我們看電視上 NBA 球員投三分線好像很簡單，讓你真的站上國際正式比賽球場，才覺得自己比肉腳還肉腳。

告訴你一個小祕訣：用手機錄音。

每天給自己一個題目，按照前面的方法，從 1 分鐘、2 分鐘開始練習，講熟了再延長到 5 分鐘、8 分鐘、10 分鐘，你會發現：「啊！原來我的聲音放出來是這樣的！」、「我好像講太快了！」、「故事聽起來還不錯，但是不夠動人！」、「收尾的時候，讓人激動到想馬上買的力量還差一點！」……要怎麼知道外表對不對？照鏡子看；要怎麼知道演講好不好？錄起來聽。

用手機錄，而不用另外買錄音筆、攝影機，原因有三點：
1. 手機人人有，不用另外花錢；
2. 非常方便，想到就可以錄，不必另外再打開一個器材。如果忘記，睡覺前照樣可以錄一段今天的感想；
3. LINE 給你的夥伴或朋友當做分享，也請他們給你意見。

我知道有的人會不好意思，覺得傳給別人很丟臉。可是，我跟你說，金城武早年也有很土的時候啊！多練習、多跟人討論，進步的速度會比想像更快。我現在每天固定錄 2 分鐘，傳

給 LINE@ 上「佳興成長營」的朋友們，同時每天也接受來自學員、夥伴傳來的錄音，等於一天練習好幾次，一年下來就練了上千次。上臺的時候，不但不緊張，就算是名人佳句、書上原文、最新時事，照樣信手拈來、脫口而出，看到別人不可置信的神情，那種感覺真的很棒。

俗話說：「臺上一分鐘，臺下十年功。」現在有科技的幫忙，有多事情不用動不動花上那麼久的時間，善用手機，隨時隨地就可以練演講，比方玩寶可夢，抓寶抓得差不多了，想想看你要賣的產品，可以怎麼跟寶可夢連結，說不定會為你的演講，帶來令人驚喜的新哏！

一旦學會演講，讓自己站在臺上，一對十、一對百、一對千，就能讓自己的時間產能倍增三倍、五倍、十倍以上，當你可以用更少的時間創造更大的產能，就有更多時間可以陪伴家人，做自己有興趣的事情，享受全方位成功的人生！

延伸閱讀

掃瞄 QR- CODE 看更多！

如何成為億萬領袖 （預告） 	如何成為億萬領袖 	邁向幸福使命 （預告）
No.1 講師班 （預告） 	No.1 講師班 	完全改變 （預告）
No.1 行銷學 （預告） 	No.1 行銷學 	夢想競爭力
超級見證公開班 （預告） 	超級見證公開班 	超級業務競爭力

07

結語

五大幸福競爭力
是一套讓你享受全方位成功人生的系統

　　跟任何人學習，都要學他的「系統」。到目前為止，我跟世界 26 位大師學習，學的正是他們的系統，比方向安東尼 · 羅賓學他的「NAC（Neuro Associative Conditioning，神經鏈調整術）系統」，向金氏世界紀錄最會賣車的業務員喬 · 吉拉德學他銷售的系統，向世界第一名的人脈大師哈維 · 麥凱學他經營人脈的系統……，這些系統都是菁華，任何人都可以套用，立即發揮效果，就像我說過 7-Eleven 的咖啡機一樣，誰來操作都可以做出美味的咖啡。

　　這本書所講的 5 大能力，也是一套系統：

一、銷售能力

　　懂得跟不同人溝通、懂得相信的力量，主動出擊，賺取人脈與財富。

二、領導能力

了解如何吸引人才、啟動人才、保留人才，讓一個人有限的力量，拓展成為一群人無限的可能。

三、達成目標能力

開啟生命導航系統，人生有願景，就有方向。依據目標化整為零，兌現對自己的承諾，過程裡，每一步都在體會築夢踏實的美好。

四、建立系統能力

將經驗與知識組織起來，成為一套解決問題的方案，可以複製給夥伴，與漂亮的獲利模式搭配，如同雙劍合璧，你的業務模式將威力大增。

五、公眾演說能力

由1對1銷售進化成1對多銷售，瞬間放大千倍、萬倍都不是問題，倍增時間、倍增財富、倍增影響力。

寫到這裡，我感受很深刻。回想 21 歲創業以來，經歷三次失敗，然後得到三種業務冠軍，再到 2011 年創立「佳興成長營」，從一個窮困潦倒的年輕人，到可以在全亞洲各個國家分享，自己的夢想也都正在一個一個實現當中。

　　我每一天都活在我的演講稿，生命之所以有這樣的蛻變，正因為我把從實戰中淬鍊出來的這 5 大能力，徹徹底底變成本能反應了，甚至要求自己要做到職業等級，而不是業餘等級。

　　各位朋友，請你務必記得，這個世界上無論哪個領域，只有練到職業等級的，才會創造最大的財富；業餘等級的，通常只能打打工，很容易被取代。所以要花心思把這 5 大能力真正的操練透徹，不斷複習、不斷鑽研。如果發現有課程對你再進階有幫助，馬上去報名，投資在脖子以上，將變成一輩子穩賺不賠的資產。打開觀念，並專注在你的目標上，我相信，你很快就能成為超級成功者！

　　深深感謝每一位讀者，未來，我們將有更深的交流機會。

　　同時，還要感謝許多協助這本書完成的朋友：謝謝幫忙採訪撰稿的文華，將我的思考精髓化為方便閱讀的文字；謝謝成長營的每一個夥伴，因為你們，才讓成長營有現在的成績；謝謝成長營的每一位學員，你們太優秀了，當你們走進教室，支持著我做的事情，讓我有機會帶著感恩的心情來做好服務，我能夠給予最好的回報，就是不斷向世界大師學習，不斷自我操練，鑽研每一堂課程，讓它更精采，持續透過分享，讓更多人的生命看見希望；謝謝正在看這本書的你，祝福你所設定的每一個夢想，接下來全部都能實現。

　　我在 30 歲以前，滿腦子想著成功；30 歲以後才明白，幸福才是人們真正在追求的。小幸福靠感受就能獲得，長期穩定的幸福，絕對需要競爭力，我堅信，當每一個人把這 5 大能力變成本能反應，都能享受全方位成功、幸福的人生，這是我寫這本書的初衷，和你分享。

　　謝謝你！

幸福競爭力

—— 21世紀不可或缺的能力

作　　　者／黃佳興
美 術 編 輯／孤獨船長工作室
責 任 編 輯／許典春
企畫選書人／賈俊國

總　編　輯／賈俊國
副 總 編 輯／蘇士尹
資 深 主 編／吳岱珍
編　　　輯／高懿萩
行 銷 企 畫／張莉榮・廖可筠・蕭羽猜

發　行　人／何飛鵬
出　　　版／布克文化出版事業部
　　　　　　臺北市中山區民生東路二段141號8樓
　　　　　　電話：(02)2500-7008　傳真：(02)2502-7676
　　　　　　Email：sbooker.service@cite.com.tw
發　　　行／英屬蓋曼群島商家庭傳媒股份有限公司城邦分公司
　　　　　　臺北市中山區民生東路二段141號2樓
　　　　　　書虫客服服務專線：(02)2500-7718；2500-7719
　　　　　　24小時傳真專線：(02)2500-1990；2500-1991
　　　　　　劃撥帳號：19863813；戶名：書虫股份有限公司
　　　　　　讀者服務信箱：service@readingclub.com.tw
香港發行所／城邦（香港）出版集團有限公司
　　　　　　香港灣仔駱克道193號東超商業中心1樓
　　　　　　電話：+852-2508-6231　　傳真：+852-2578-9337
　　　　　　Email：hkcite@biznetvigator.com
馬新發行所／城邦（馬新）出版集團 Cité (M) Sdn. Bhd.
　　　　　　41, Jalan Radin Anum, Bandar Baru Sri Petaling,
　　　　　　57000 Kuala Lumpur, Malaysia
　　　　　　電話：+603- 9057-8822　　傳真：+603- 9057-6622
　　　　　　Email：cite@cite.com.my
印　　　刷／卡樂彩色製版印刷有限公司
初　　　版／2017年（民106）1月
初 版 40 刷／2017年（民106）10月
售　　　價／300元
ISBN／978-986-93792-6-7

城邦讀書花園　布克文化
www.cite.com.tw　WWW.SBOOKER.COM.TW